図説

紅茶
世界のティータイム

Cha Tea 紅茶教室

河出書房新社

トレース＝小野寺美恵

はじめに

紅茶《こうちゃ》はツバキ科の常緑樹《じょうりょくじゅ》カメリア・シネンシスの新芽《しんめ》を加工して作る飲料です。栽培生産国はアジア、アフリカ圏に集中していますが、消費国はアジアだけでなく、アメリカ、西洋諸国にまで広がっています。

現在私たちが楽しんでいる紅茶の製茶方法は一九世紀に確立しました。消費国である英国の人びとが、自国で栽培できない紅茶を労働者階級にまで行き渡らせるために、紅茶の製茶工程を機械化し、植民地のインドで大量生産を始めたことがきっかけです。紅茶栽培のプランテーション計画は、その後スリランカ（当時のセイロン島）、アフリカ諸国へと広がり、現在生産国は三〇か国以上になりました。開拓された生産国でも、紅茶の飲料文化が育まれたため、世界中どこを旅しても、紅茶を楽しむ人びとの姿を目にできるようになりました。

しかし、同じ紅茶の葉を使用していても、紅茶ほど国により飲み方が異なる飲料はないのではないでしょうか。インドの灼熱《しゃくねつ》の暑さの中で愛飲されるスパイスと牛乳、砂糖が入ったチャイ、スリランカの粉ミルクを溶いたキリテー、英国のホテルで楽しむ優雅なアフ

タヌーンティー、ハンガリーやロシアで楽しまれるレモンティー。フランスのサロン・ド・テで提供されるフレーバードティー、アメリカで大量に消費されるペットボトルのアイスティー。皆さんのイメージされるティータイムはどのようなものでしょうか？

　国や地域により紅茶の飲み方は異なりますが、どこの国の人にとっても紅茶は生活に欠かせない飲料で、それぞれが飲み方へのこだわり、歴史、紅茶に付随する茶器や茶菓子の文化を持っています。

　本書では、西洋に喫茶文化が確立し、紅茶が世界規模で栽培されるようになるまでの歴史、製茶工程の詳細、紅茶の生産国の紹介、紅茶をおいしく淹れるポイント、紅茶をおいしくするために開発された茶器、紅茶のある風景を描いた画家、世界各国の紅茶の飲み方、世界の紅茶をテーマにしたスポットなど、幅広い分野から紅茶の姿を紹介していきたいと思います。

　西洋に茶が渡り四〇〇年、短い期間に驚くほど多くの先人たちを魅了した紅茶。おいしい紅茶をかたわらに、紅茶をテーマにした世界旅行へ出かけましょう。本書を読み終える頃には、いつもの紅茶がもっとおいしくなっているはずです。

CHAPTER

第1章

紅茶のたどった歴史

中国、日本で生産された緑茶は大航海時代《だいこうかいじだい》に海を渡り、西洋諸国でも愛飲されるようになりました。西洋の水、生活習慣に合わせて、緑茶は少しずつその姿を変え、現在私たちが飲用している紅茶へと変化していきます。

茶は中国を代表する特産品でした。（1860年版）

大航海時代と茶

茶（ツバキ科ツバキ属の常緑樹カメリア・シネンシス）の原産は中国の雲南省《うんなんしょう》といわれています。紀元前二七〇〇年頃には茶の葉そのものを薬として食・飲用していた記録が残っています。その後、生葉《なまは》を加工した緑茶《りょくちゃ》が誕生し、禅寺《ぜんでら》を中心に中国全土に広く普及しました。さらに八世紀には日本にも伝来します。

一五世紀から始まった大航海時代を経て東西の交易が深まると、茶は東洋独特の飲料文化として西洋人の注目を浴びます。西洋人として初めて茶に関する情報を著したのはヴェネチア人ジョヴァンニ・バティスタ・ラムージオ（一四八五〜一五五七）といわれています。彼は多くの旅行家にインタビューし、一五四

column

アムステルダム号

オランダ東インド会社は正式には「連合東インド会社（Vereenigde Oostindische Compagnie）」といい、ロゴマークの「VOC」はその略称です。1602年に設立されたこの会社は、世界初の株式会社としても知られています。

アムステルダムにあるオランダ国立海洋博物館には、東インド会社の船「アムステルダム号」のレプリカが係留《けいりゅう》してあります。船内には当時の様子が再現されています。

船内はとても暗く、狭く当時の船乗りたちが、このような船に乗って1年がかりで東洋まで旅をしていた事実に驚愕《きょうがく》してしまうほどです。船員は狭いベッドに寝て、ほとんど光の入らない船室で生活し、嵐の時にはひたすら積み荷を守り……生きて故国に帰れない人も多くいました。船員の食事が再現されていましたが、ビタミンC不足で病気になってしまう人が多いのもうなずけるものでした。

そんなアムステルダム号の船底には東洋から運ばれてきたお宝が展示されています。黄金のように大切に運んできたその品とは、「ナツメグ」や「シナモン」「緑茶」「陶磁器」などの東洋の商品。すべて東インド会社のロゴマーク入りの箱に詰められて輸送されました。

オランダ国立海洋博物館
The National Maritime Museum
Kattenburgerplein1,Amsterdam, Netherlands
https://www.hetscheepvaartmuseum.nl/japanese

オランダの海洋技術の集大成であるアムステルダム号のレプリカ。

五年に『航海と旅行』を著します。その中でペルシャ商人から聞いた話として、茶について次のような報告をしています。

茶は苦みがある飲み物であること。中国では容器に茶を入れ、上から熱湯を注ぎ、茶葉を残して飲むが、日本では茶葉を挽いて粉にしたものをお湯に加えて飲むこと。東洋人が、茶を常飲し、薬効があると信じていることなど。このような旅行家の書物は当時大変人気があり、人びとの未知の国への憧《あこが》れを膨らませました。

一五九五年には、オランダの海洋学者ヤン・ホイフェン・ヴァン・リンスホーテン（一五六三～一六一一）がインドへの航海で見聞したアジア文化に関する事柄を『航海談』にまとめます。この本の中には、日本の喫茶の習慣やエチケットに関する内容があり、茶は「Chaa《チャー》」として紹介されています。『航海談』は一五九八年に英語、ドイツ語、一六一〇年にはフランス語に翻訳され、西洋内に広く普及しました。

このような流れを受け、日本と親交の深かったオランダ東インド会社は、一六一〇年に、日本の平戸《ひらど》から茶を輸出することに成功。貴重な茶をオランダのアムステルダムの港に届けました。一六一五年には、平戸に来航していたイギリス東インド会社の駐在員も「都か

ロシア美術館に飾られていた美しい小箱の蓋に
描かれたロシア貴族のティータイム。

雪原の中、積み荷を運ぶロシアンキャラバン。
（The Illustrated London News/ 1891年8月22日）

ら良質の茶を一壺送ってほしい」と同僚に手紙を送っています。一六三〇年代には、オランダ東インド会社の総督から平戸商館長に対して「価格違いの日本の茶三種類を一〇斤（一斤約六〇〇グラム）ずつ、合計三〇斤にして本国に送ってほしい」との依頼の手紙が届いています。

大航海時代の東西交易を経て、茶は西洋に定期的に輸入され、西洋人の生活に入り込んでいったのです。

王室と茶

茶の輸入を掌握《しょうあく》したオランダ東インド会社は、高額商品である茶を他国の宮廷に紹介、茶の販売で利益を得ようとします。一六三五年には、フランス宮廷《きゅうてい》に茶が紹介されました。しかし、フランスでは当時スペインから嫁いできた王妃の持参金代わりであるチョコレート飲料が花形で、茶はチョコレートとの競争に負けてしまいました。しかし、太陽王と称されたルイ一四世（一六三八～一七一五）は肥満と痛風《つうふう》予防のために、主治医から処方されて、定期的にお茶を飲んでいたという記録も残っています。

ロシアの喫茶文化はピョートル大帝（一六七二～一七二五）の時代から始まりました。一

18世紀前半の英国貴族の朝の喫茶シーンの再現。

六八九年に結ばれた「ネルチンスク条約」により、中国の清朝《しんちょう》とロシアは急速に結びついていきました。条約調印の際、中国側がロシアに手土産《てみやげ》として茶を用意したのがきっかけとなり、中国からの緑茶の正式輸入が開始されました。またこの条約により、茶だけではなく、中国より調度品、磁器《じき》なども輸入されるようになると、ロシアでは「東洋趣味《シノワズリー》」が注目を集め始めます。

中国から茶を陸路で運んだ小隊はキャラバン隊と呼ばれ、モスクワまでの一万八〇〇〇キロに及ぶ道のりを一年半近く要して運搬しました。東洋文化のみならず、西洋使節団の一員として西洋周遊を経験していたピョートル大帝は、オランダや英国でふれた喫茶《きっさ》の習慣を歓迎し、好んで茶を嗜《たしな》んだそうです。

その後もロマノフ王朝の歴代の皇帝は、茶をこよなく愛し、ロシアでは茶を淹《い》れるための道具サモワールや、レモンを入れて飲むレモンティーなど、独自の茶文化を発展させました。

英国では、チャールズ二世（一六三〇～一六八五）の許に一六六二年に政略結婚で嫁入りしてきたポルトガルの王女キャサリン・オブ・ブラガンザ（一六三八～一七〇五）が、喫茶習慣を紹介しました。ブラガンザ王家はこ

英国喫茶文化の始祖となったキャサリン・オブ・ブラガンザ。（1808年版）

の婚礼の際、英国にインドのボンベイ（現・ムンバイ）や北アフリカのタンジールの譲渡、さらにブラジル、西インド諸島への自由貿易権を与えました。キャサリンは嫁入り時、大きな船三隻分の船底を埋める茶、砂糖、スパイスも持参しました。

英国までの船旅に携帯用の茶道具を持ち込み、船酔い防止に努めていたキャサリンは、宮廷内でたびたび茶会を催しました。茶を所持するだけでなく、それを楽しむ高価な東洋の茶道具、そして洗練されたエチケットを持ち合わせた王妃に、人びとは魅了されます。

この時代、茶を楽しむ場所は、クローゼットと呼ばれる寝室に接した小部屋でした。キャサリンが頻繁に訪れたといわれているロンドン郊外の臣下の館「ハムハウス」には、キャサリンが茶を楽しんだといわれるクローゼッ

トが保存されています。それは当時のドレス姿の貴婦人が三～四人ほどしか入れない小部屋です。クローゼットに招き入れられる人は限られていたことから、王妃の茶会に呼ばれることは非常に名誉だったことがうかがわれます。喫茶の習慣を英国の宮廷に浸透させた彼女はザ・ファースト・ティー・ドリンキング・クィーンと賞賛されるようになりました。

　そんな彼女の恩恵を受け、インド貿易の拠点を手に入れたイギリス東インド会社は、東南アジア経由で茶の輸入に成功します。一六六四年には、インドネシアから輸入した銀のケースに入ったシナモンオイルと、良質の緑茶を王室に献上します。この茶はチャールズ二世から王妃に贈られました。それ以後、茶は献上品《けんじょうひん》のリストに必ず載ることになったそうです。

コーヒーハウスとティーガーデン

　英国で茶が広く一般に紹介されたのは、一六五七年、ロンドンのエクスチェンジ・アレイにあった「ギャラウェイ・コーヒーハウス」でした。

　コーヒーハウスは現代でいう喫茶店の先駆けのような施設で、最初に登場したのは、トルコのコンスタンチノープルだとされています。異国情緒《いこくじょうちょ》の漂うエキゾティックなコーヒーの香りは英国人も魅了します。

　コーヒーハウスは最盛期には、ロンドンに三〇〇〇軒もあったといわれています。これほどまでにコーヒーハウスが人気を集めた背景には、禁欲の時代、酒類を出すパブより、ノンアルコール飲料を中心としたコーヒーハウスが世間的に好ましい社交の場として注目されたこと。また、当時流行していた死病ペストに対し、コーヒー独特の香りが予防になるという俗説があったことも影響したようです。そしてコーヒーより一足遅れて入ってきた茶も、一六五七年にギャラウェイ・コーヒーハウスで紹介されます。その後、東洋の神秘薬として茶は多くのコーヒーハウスで提供されるようになり、人気を博しました。

　コーヒーハウスの入店には、階級による制限はありませんでしたが、男性のみに限られ、女性は入ることが許されませんでした。入場料は一ペニー、飲み物も平均一杯一～二ペニーでした。一ペニーで、一日中滞在することが許され、そこに出入りする人びとから多くの知識が得られる場所だということで、コーヒーハウスは別名「ペニーユニバーシティー」とも呼ばれました。

　コーヒーハウスでは、茶を飲ませるだけではなく、希望する客には茶の淹れ方も教えていました。淹れ方の指導は、アジア諸国を訪れたことのある商人や旅行者のアドバイスをもとにしていたそうです。茶はヤカンや鍋で煮出して淹れたあと、ビールと同じ樽《たる》の中に液体として保管されました。そして随時樽からヤカンに移され、大きな暖炉の火で温め直してから客に提供されていました。器に関してはとくに決まったものはなく、ビアマグと同じような陶器に入れられていました。

　最初は男性のみの文化としてとらえられて

コーヒーハウスは情報交換、議論、仕事の人脈を広げる場としても活用されました。(Willam Holland /1798年/1943年版)

ティーガーデンには屋内で喫茶を楽しめる
巨大施設も建築されました。（1880年版）

いた茶でしたが、宮廷で王妃たちに愛飲された影響などにより、一七一七年には、家庭用の小売り販売がコーヒーハウス「トムの店」の新店舗「ゴールデンライオン」で始まります。そして一七三〇年頃には、コーヒーハウスに代わる新たな社交場として、「ティーガーデン」が立ち上がり始めます。

「ティーガーデン」は、ロンドン郊外の田園地帯に作られ広大な庭園を散策しながら喫茶を楽しむことのできる娯楽施設で、四〜九月までの陽気がよい季節に、週三〜四日営業されました。階級制限がなく、女性も子どもも入場することができたティーガーデンは、家族で訪れることのできる貴重な娯楽場として、週末はティーガーデンに向かう道に馬車渋滞が起こるほど賑わいました。

ティーガーデンの敷地内には、つねに美しい草木が植えられ、人工の池や彫像がセンスよく配置されました。また遊歩道や生垣《いけがき》を利用した迷路も設けられ、人びとを楽しませました。園内には「ティーハウス」と呼ばれる屋根つきの建物が建ち、バターつきパンなどの軽食と一緒にお茶、コーヒーやチョコレートなどの飲み物が提供されました。ティーガーデンの人気が高まると、女性を中心に家庭のなかの喫茶習慣が確立し、茶の消費に大きな影響を与えました。

ロシアの軍人たちの喫茶風景。2つ重ねられているポットは現在トルコで愛用されているチャイダンルックにも似ています。(The Graphic/1877年3月17日)

現在でも紅茶を受け皿に移して飲む習慣が残っている所も。写真はマレーシアのキャメロンハイランドのティールームで2011年に撮影しました。

カップから受け皿にミルクティーを移している少女。お茶は少女が飲むのでしょうか、それとも猫にあげるのでしょうか。(The Illustrated London News Christmas Number/ 1882年)

column

お茶を受け皿で

17世紀末、オランダで始まったちょっと奇妙なエチケット。それは、ティーボウルのボウルに注いだお茶を、受け皿に移して飲むという習慣でした。

オランダからフランス、ドイツ、オーストリア、ロシア、英国など、さまざまな国の宮廷で流行の先端としてもてはやされたこの習慣は、数々の絵画にその姿をとどめています。

ハンブルク美術館に飾られていた裕福な商人の茶会を描いた作品です。(Johann Anton Tischbein/ 1779年)

ミュンヘン近郊のニュンフェンブルク城に飾られているドイツ貴族の茶会を描いた1枚です。(Peter Jakob Horemans/ 1761年)

茶と効能

オランダの医師ニコラス・ディルクス（一五九三〜一六七四）が一六四一年に著した『医学論』の中で、茶は「茶を用いるものは、その作用によって、すべての病気から逃れ、とても長生きできる。茶は肉体に偉大な活力をもたらすばかりでなく、茶を飲めば胆石《たんせき》、頭痛、風邪、眼炎、喘息《ぜんそく》、胃腸病にもかからない。そのうえ、睡眠を防ぎ、不眠を可能にする効能があるので大いに役立つ」と紹介されています。この書籍は多くの人びとに支持され、英国で初めて茶の薬としての効能《こうのう》をうたったギャラウェイ・コーヒーハウスの店内に貼られた茶の宣伝ポスターにも影響を与えたとされています。（このポスターは現在大英博物館が所蔵）。ギャラウェイのポスターには、「頭痛、結石《けっせき》、水腫《すいしゅ》、壊血病《かいけつびょう》、記憶喪失、腹痛、下痢、恐ろしい夢などの症状に効き目があり、ミルクや水をお茶と一緒に飲めば肺病の予防になり、肥満の人には適度な食欲をもたらし、暴飲暴食のあとには胃腸を整える」と記載がありました。

英国の海軍省書記で日記作家としても知られたサミュエル・ピープス（一六三三〜一七〇三）は、一六六七年六月二八日の日記に「馬車で帰ると妻が茶を用意していた」「妻が薬剤師から聞いた話では、茶は妻の風邪と鼻炎に効くそうだ」と書いています。茶は家庭の中でも薬として用いられていたことがわかる一文です。もちろん茶にそのような強い薬効があるかどうか疑う有識者も多く、英国では一八世紀に入ると「茶論争」と呼ばれる茶の是非を問う社会現象が起きます。多くの知識人たちが茶を研究、その結果を論議しました。

英国人のトマス・ショート医師（一六九〇〜一七七二）は一七三〇年と一七五〇年、二冊の『茶論』を出版しました。一七三〇年の『茶論』では、茶の人体への影響についてハーブのほうが有効とし、茶の効能に疑いを持つ内容が掲載されましたが、一七五〇年の『茶論』では、茶の飲用そのものを根底から疑ったり否定したりすることはもうできない、と書いています。ロンドンで開業していた医師ジョン・コークレイ・レットサム（一七四四〜一八一五）は一七七二年に出版した『茶の博物誌』で茶の利点を認める見解を示しました。本の中でレットサムは、茶の効能に抗《こう》菌《きん》・鎮静《ちんせい》・弛緩《しかん》作用があること、濃い血液を薄めたり、血管を収縮させたりする効能があることをあげていますが、これはおおむね現在証明されている茶の効能に通じるところがあります。

大のお茶好きとして知られていたジョンソン博士の自宅での茶会の様子。（The Graphic/1880年4月24日）

禁酒と紅茶の消費量

一七世紀半ば英国では、労働者階級《ろうどうしゃかいきゅう》の飲酒が社会問題となっていました。オランダから輸入されたアルコール度の高い安酒ジンが流行し、国内でも製造が許可されると、多くの労働者たちがアルコールの誘惑に溺れました。政府は薬としても知られていた「茶」の愛飲を推奨しました。上流《じょうりゅう》、中産《ちゅうさん》階級の家庭では雇用人が酒に溺れ道を踏み外さないように、使用済みの茶殻《ちゃがら》を、労働者が家庭に持ち帰ることを許したりもしていたそうです。茶は、香り、味は損なわれてしまいますが、二煎目、三煎目と淹れることもでき、沸騰させたお湯で淹れることにより、生水より安全性が確保されることが、労働者に受け入れられました。

子どもたちも一緒のティータイムの習慣は、労働者階級の家庭にも浸透していきました。(1886年版)

しかし、一九世紀に入ると急速に進んだ産業革命により、都心に人口が集中し、労働者の生活環境は劣悪になってしまいます。慣れない都心での生活、長時間勤務によるストレスなどから、再び労働者階級の飲酒が社会問題となります。

犯罪、騒動、窮乏から労働者を救うため、政府は一八三〇年「禁酒協会」を設立し、絶対禁酒運動「ティートータル（tee total）」をスローガンに大規模な活動を始めます。ティートータルの「tee」は絶対という意味ですが、茶の「tea」とかけた言葉としても話題になりました。ちなみにトータルは禁酒を意味します。

英国各地で、「禁酒協会」のティーパーティーが開かれました。一八三九年には一六歳以下の子どもにはビール以外のアルコールを飲ませてはいけない法律が成立し、パブの営業時間にも規制がかけられるようになりました。

工場でも、労働者に対しての禁酒推奨が始まります。工場経営者同士の懇親会《こんしんかい》などでも絶対禁酒についての議論が熱く交わされ、職場の懇親会や慰労会の席でも飲み物のメインはお茶になりました。

一八八六年一三歳以下の子どもにすべてのアルコール摂取が禁止される法律ができ、子どもの健全な生活の基盤が整ったことで、英国での禁酒活動は終結しました。この活動を通し、それまで貴族的なイメージの強かった茶は、労働者の日常にも欠かせないものとなっていったのです。

禁酒と茶の消費の関係は、中東を中心としたイスラム諸国でも実証されています。これらの地域の喫茶文化は、中国やロシアから陸路で、また西洋とアジアを結ぶ船によって海路で伝えられたのが起こりです。イスラム教では、戒律で飲酒が禁止されている宗派もあります。また、コーヒーや煙草も飲酒に準ずるものとして規制していた時期もあり、これらに替わって茶が日常の飲み物になったとされています。一人あたりの茶の消費量の上位国には、アラブ首長国連邦や、モロッコ、トルコ、クウェートやカタール、シリアなど中東の国がつねにランキング入りしています。

ボストン ティーパーティー事件

アメリカの喫茶文化は、オランダの植民地《しょくみんち》であったニューネーデルランドから始まりました。一六六四年、その中心地ニューアムステルダムの支配権をオランダから奪った英国は、同地をニューヨークと改名、喫茶文化を引き継ぎました。入植者《にゅうしょくしゃ》たちは英国のジェントルマンの服装、教養、趣味などを真似することを成功の象徴としたため、英国本国で流行していた喫茶習慣はその象徴的な存在となり、一七五〇年には、ニューヨークにも英国と同じティーガーデンがオープン、人びとは茶会を頻繁に催すようになります。

茶箱を捨てる人びとをアメリカの原住民モホーク族にたとえて描いたボストンティーパーティー事件の様子。(How Did Tea and Taxes Spark a Revolution?/2010年)

　しかし、北アメリカでは英国とフランスが植民地の獲得競争を始め、一七五五年、フレンチ・インディアン戦争が開戦します。英国は勝利しますが、戦費として多大の負債が残り、植民地にこの費用の一部を負担させるため、一七六四年以降、砂糖法（砂糖・ワイン・コーヒーに対する課税）、タウンゼンド諸法（茶・ガラス・紙・ペンキ等への課税）と、植民地に対する課税を強化していきます。

　高額な課税に対し、入植者たちは大規模な集会を催し、抗議活動を続けていきます。この運動の成果により課税は撤廃《てっぱい》されましたが、茶に対する税金だけは残りました。「茶税」は英国の圧政の象徴となり人びとの反発の結果、英国からの茶の拒否やオランダやフランスからの密輸貿易が拡大していきました。そのため、イギリス東インド会社は多数の在庫を抱え、経営が成り立たなくなってしまいます。

　英国政府は一七七三年、北アメリカの一三植民地に対し、イギリス東インド会社が通常の関税なしに茶を売ることを認めた法律「茶法」を制定します。この条例にのっとれば、イギリス東インド会社は当時の密輸茶より安値で茶を売り出せることになります。「茶法」は茶に対する課税を強化するものではなく、むしろ撤廃したものでしたので、英国はこれで事態が丸く収まると見ていました。

しかし当時多くの入植者たちは密輸貿易から生活の糧《かて》を得ていたので「本国の課税権そのものが焦点であるにもかかわらず、茶が安くなればいいというその場しのぎの政策に騙されてなるものか」と反対運動は引き続き展開され、ボストンの政治団体「自由の息子たち」は、東インド会社の茶の販売人を襲撃するなど、過激な運動もするようになりました。

その年の一二月、茶法成立後、初めて茶を積んだイギリス東インド会社の貿易船がアメリカの四つの港に到着しました。しかしどの港でも英国政府に対する反発運動が起こっていたため、茶は陸揚げされなかったり、倉庫に封印されたりするなど、販売はできませんでした。ボストン港に入港した三隻の船も、同様の扱いを受けますが、船長たちは英国への退去を拒否、荷揚げの機会を待つため、ボストン港に停泊をし続けます。水揚げの期限間際の一二月一六日の夜、一歩も譲らない貿易船に対し、憤りを爆発させたボストン市民約五〇人は、船を襲撃し、積まれていた三四二箱の茶箱を海に投げ捨てました。この事件は、「ボストンティーパーティー事件」（パーティーには政党の意味もあります）として大きく報道をされ、反英国感情を持つ入植者たちの独立心を高めました。アメリカは一七七六年に独立宣言を発表し、一七八三年に戦争を経て、独立を勝ち取りました。

こうした茶のボイコット運動は、入植者たちに茶の代わりにコーヒーを飲む習慣を植え付けることになりました。現在もアメリカ国民にとって「ボストンティーパーティー事件」は独立のきっかけになった出来事として語り継がれています。

世界に２つしかないボストンティーパーティー事件の茶箱です。

ボストンティーパーティー事件から100年後の茶会。
女性のドレスは星条旗のデザインです。（Harper’s Weekly/1874年1月3日）

晩餐会と異なり、席次が固定されていないアフタヌーンティーの時間は、コミュニケーションを深めるには最適な場でした。（The Daily Graphic/1891年10月14日）

ヴィクトリア朝のアフタヌーンティー

一八四〇年代、英国の名家ベッドフォード公爵家より流行したといわれているのが英国の伝統的文化として成長する「アフタヌーンティー」です。この時代、英国人の食生活には変化が生じていました。それまで午後五時頃からスタートしていた夕食の時間が、八時から九時に移行したのです。そのため、当主夫人であったアンナ・マリア（一七八三～一八五七）は、元来の夕食の時間であった五時前後に空腹を感じるようになり、自室にお茶を運ぶように召使いに言いつけ、お茶とともに提供されるバターつきのパンを食べることを日課にし始めます。

ゲストがいる日は、自宅のカントリーハウス（ウーバンアビー）の応接間《ドローイングルーム》を開放し、小菓子を食べながら客人と歓談をする社交を楽しみました。ウーバンアビーの午後の茶会は、晩餐《ばんさん》の前のリラクゼーションの時間として多くの客人に好意的に受け入れられました。ウーバンアビーを訪れたヴィクトリア女王（一八一九～一九〇一）もアフタヌーンティーでのもてなしを受け、これを気に入り推奨《すいしょう》したことから、英国の午後のお茶の習慣として定着していきました。

茶会のホステスである女主人は、客人に随時お茶を注ぎながら、場が和むような接客をして、客人を楽しませました。上流階級の女性がまだ外に自由に出ることの許されなかった時代、アフタヌーンティーは女性が気の許せる友人たちと屋敷の中でお茶を飲みながら、気楽に会話を楽しめる娯楽の一つだったのです。

このような上流階級の人びとに愛されたアフタヌーンティーの習慣はその後、中産階級の生活の中で「家庭招待会《アット・ホーム》」に形を変えて、浸透します。「家庭招待会」は軽い社交の場です。家主は、事前に在宅の日時を友人知人に知らせておき、客人は指定された曜日の時間内に相手を訪ねるといった、略式の茶会です。毎週決まった曜日の午後に開催する家庭が多く、この日に限っては事前の約束がなくても訪問が許されたため、顔合わせの場として有効活用されました。滞在時間は一五～二〇分ほどが基本とされ、一日に四～五軒の家をはしごする女性も多かったそうです。短い滞在時間を有効に活用し、正式なアフタヌーンティーやディナーの約束をしたり、新しい友人を紹介しあったりしました。

子どもたちも小さな頃からティーパーティーを催し、茶会の流れ、エチケットを体感しました。(The Prize/1903年2月)

アフタヌーンティーは、主に平日自宅にいる女性たちが主役となり発展した文化です。貴族の豪華《ごうか》絢爛《けんらん》な邸宅に憧れた中産階級の女性たちは、居心地のいい環境で客人をもてなそうと、インテリアや食器に対して関心を持つようになります。当時の女性向きの雑誌には、アフタヌーンティー用に考案されたティーガウンと呼ばれるコルセットなしで着られるカジュアルなもてなし用のドレスや、美しい茶器、茶会の際のエチケットなどの特集が頻繁《ひんぱん》に組まれました。また茶菓子を特集したレシピ本も続々と出版されました。

アフタヌーンティーは、家庭内でのもてなしの基礎と考えられるようになり、大人だけでなく子どもの情操教育にも活用されていくようになりました。

18世紀後半の英国人のティーテーブルの再現。右奥がキャディボックス。左上から、スロップボウル、シュガーボウル、ティーポット、左手前からティーボウル2客とティースプーン２本、モートスプーン、シュガーニッパー。

茶道具の発展

お茶は茶器《ちゃき》がないと楽しめません。そのため西洋では、茶道具にも大きな関心が寄せられます。初期の頃は輸入品に頼っていた茶道具ですが、一八世紀になると、西洋内でも製造が開始されます。日本であまり見ることのできない茶道具をいくつか紹介します。

キャディボックス

茶は、マレーシアの単位で約六〇〇グラム（一カティ）ごとに茶壺に詰められ運ばれていました。「カティ」が訛《なま》り茶の容器は「キャディボックス」と呼ばれるようになりました。茶は高価でしたので、使用人などに盗まれないように、茶箱には鍵がかけられました。銀や、輸入木材を使ってキャディボックスが作られました。

ティーポット

一七世紀末頃に中国からの輸入品として西洋に紹介された陶磁器の一つが「ティーポット」でした。初期の頃は西洋で陶磁器は作ることができなかったので、銀製のものが作られました。

ティーボウル

小さい湯呑《ゆのみ》＝ボウルと小皿のセットを「ティーボウル」と呼びます。一七世紀末頃になるとボウルに注がれたお茶に砂糖を入れ、かき混ぜてから受け皿にお茶を移して飲むというエチケットが流行しました。

シュガーボウル

一九世紀前半までの時代、砂糖はほとんどが輸入品で高価なものでした。そのためにたくさんの砂糖が用意されていると歓迎されている証とされ、「シュガーボウル」は銀製で大ぶりなサイズで作られました。砂糖を摑む銀製のシュガーニッパーも作られました。

1797年に制作された純銀の貝殻型のキャディスプーン。

キャディスプーン

茶葉をすくうためのスプーンが「キャディスプーン」です。茶がまだ高価だった頃、異国の貝殻《かいがら》を使って茶葉をすくう演出をしていたともいわれています。そのため銀製のキャディスプーンも、貝殻型が多く作られました。

ティースプーン

一七世紀の茶会では一～二本の「ティースプーン」をスプーントレイに置いて、共有して使用しました。初期のデザインはシンプルでしたが、人数分のスプーンが用意されるようになると多彩なデザインのものが作られました。

スロップボウル

一八世紀中頃からティーボウルに残った冷めたお茶を捨てるためや、茶葉を入れ替える際、ティーポットの中の茶殻を捨てるための容器として活用されたのが「スロップボウル」です。ヴィクトリア朝後期になるとほとんど使われなくなりました。

モートスプーン

「モートスプーン」は、ティーポットの注ぎ口に茶葉が詰まった際、スプーンの持ち手の先端を使って茶葉を取り除くのに使用されました。またスプーンのボウル部分に穴が開いているので、茶こしの代わりに注がれたお茶に入った茶葉をすくうのにも使われました。

ケーキスタンド

一九世紀末になると茶菓子をスムーズに提供できるように木製の三段スタンドが作られるようになります。これが「ケーキスタンド」です。野外でも使われることもあったので折り畳むことができるものもあります。

1920年に制作された持ち運びに便利な木製のケーキスタンド。

阿片戦争

一八世紀後半、順調に見えていたイギリス東インド会社の貿易は暗礁《あんしょう》に乗り上げます。中国の政権交代で新たな支配者となった清王朝（一六四四～一九一二年まで中国とモンゴルを支配した最後の統一王朝）は、英国をはじめとする西洋諸国に対し、制限貿易を宣言したのです。

英国は、中国に「自由貿易の権利」と「貿易港の拡大」を書面で求めますが拒否されます。さらに英国を苦しめたのが中国との貿易赤字でした。当時英国が中国から輸入していたのは、茶のほか、陶磁器や絹などの高額商品でした。逆に英国が中国に輸出できる商品は英国産の毛織物、時計、玩具、インド産の綿花といった商品が中心でした。

英国は中国貿易の決済に「銀」を使用しており、貿易赤字によって、国内の銀が不足、銀の価格が高騰し英国経済は少しずつ深刻な状況へと追い込まれていきました。

英国は銀の代わりになる高額取引が可能な輸出品として、インド産の阿片《あへん》に目を付けます。一七九〇年代から英国は植民地インドから阿片を中国に密輸出し、その販売代金と引き換えに茶を輸入する「阿片貿易」を始めます。

阿片は、その商法に便乗したフランスやアメリカからも密輸されるようになり、中国社会を蝕《むしば》んでいきました。

一八三九年、広東《カントン》に派遣《はけん》された役人、林則《りんそく》徐《じょ》（一七八五～一八五〇）は、諸外国からの賄《わい》賂《ろ》の誘いを強くはねのけ、外国商人に対し、今すぐに阿片を放棄することを命じました。命令にしたがわなかった国に対しては、商館を武力封鎖し、水や食糧の供給を絶つことも厭《いと》いませんでした。没収した阿片二五〇万ポンド（約一一三万キログラム）は塩と石灰でその効力を消され、人工池の中に破棄されました。

一八四〇年二月、英国は自由貿易の権利を主張するため、中国に対する武力攻撃を決定し阿片戦争が勃発します。英国艦隊は、厦門《アモイ》、舟山列島、上海《シャンハイ》を占領し、首都である南京に王手をかけます。中国は一八四二年八月に降伏を認め「南京条約」に調印をしました。戦争賠償金および没収破棄した阿片の補償金二一〇〇万ドルの賠償、香港《ホンコン》の割譲、広州、厦門、福州《フーチヨウ》、寧波《ニンポー》、上海……の港の開港など、それは中国側にとって不利な条約でした。英国領となった香港では、英国本国で流行したアフタヌーンティーの習慣が広まり、現在でも親しまれています。

阿片商館内部の様子。（The Illustrated London News/ 1858年11月20日）

茶産地の開拓

茶の西洋主導での栽培は、一七世紀後半からの悲願《ひがん》でした。一六九〇年にオランダ東インド会社により中国から持ち出された茶の苗木がジャワに植えられます。しかし、環境になじまず、成長しませんでした。その後、西洋諸国はひたすら中国からの茶の買い付けに従事しますが、一八世紀末の中国の制限貿易により再びアジアでの茶栽培に投資されるようになります。

人の掌より大きく成長するアッサム種の茶葉。

一八二三年、イギリス東インド会社の社員で植物研究家でもあるロバート・ブルース（不明～一八二五）少佐が、インドのアッサム地方へ遠征した際に、ジュンポー族の首長と接触し、現地人が茶を飲む習慣を持っていることを知ります。彼らは自生の茶を採り、油やニンニクと混ぜて食べたり、煮出して飲んだりしていました。さらにロバートは現地に滞在中、丘陵地帯で茶樹を発見するのです。

翌年彼の弟チャールズ・アレキサンダー・ブルース（一七九三～一八七一）は東インド会社の任務でアッサムを訪れ、兄に教えられた自生茶の種と苗木を持ち帰り、コルカタの植物学者に鑑定《かんてい》を依頼しましたが、その見解は「ツバキの樹」でした。

一八三四年、インド総督ウィリアム・ベンティンク卿（一七七四～一八三九）は「茶業委員会」を発足。委員会は従来どおり中国から木を密輸し、コルカタ植物園で育てあげます。しかし四万二〇〇〇本の苗木は、インド各地へ植樹されるもその大地に根付くことはありませんでした。

ところが、一八三八年、ブルース兄弟の弟チャールズから「アッサム産の緑茶」が、茶業委員会の許に届けられます。彼はインドで発見された茶樹での製茶の研究を続けていたのです。残念ながら兄のロバートは亡くなっていましたが、この新しい茶樹には「アッサム種」の名前がつけられ、正式に「茶」と認められました。この緑茶は、翌年の一八三九年一月に茶業委員会の名前でロンドン・オークションにかけられ高値で落札されました。ロンドンには「アッサムカンパニー」、コルカタにも支店の「ベンガル茶業会社」が立ち上がり、アッサムでの茶栽培は一八五〇年頃から軌道に乗り始めます。

その後インドでは、北東部西ベンガル州の最北端のダージリンでも茶栽培が行われるようになります。ここはもともとネパールの土地でしたが一九世紀、英国人の避暑地として注目を浴びるようになりました。一八五〇年にこの土地が正式にインド領になると、英国人の移住がさかんになりました。一八四一年、ダージリン地区初の長官となったアーサー・キャンベル博士（一八〇五～一八七四）は、植物に造詣《ぞうけい》が深く、中国から輸入された中国種の茶の種を自宅の庭に蒔き、その生育に成功をしました。一八五一年には、中国から持ち出した中国種の苗木が植樹され、翌年には三つの茶園が開かれます。茶業委員会が長年実現できなかった中国由来の茶は、一九〇五年には茶園の数が一四〇近くまで増え、ダージリンはインドを代表する茶産地になりました。

続いてインドでは、一八五〇年代にかけ南方でも茶園の開拓が始まります。南インドのデカン高原南部のタミルナドゥ州、ケララ州、カルナタカ州にまたがる西ガーツ山脈の南部に広がるニルギリ丘陵にも広大な茶園が形成されるようになるのです。

インドで広がりをみせたアッサム種が隣国のセイロンに植樹されたのは、一八六〇年頃です。きっかけはセイロンでプランテーション栽培されていたコーヒーの樹の病気でした。

現地労働者たちに指導をするジェームズ・テーラー。
(Ceylon Tea Centerパンフレット/1970年代)

コーヒー中心だったセイロンの経済は破綻《はたん》し、農園主たちは新たな代替の植物を躍起になって探していました。そしてインドで話題になったアッサム種の茶の栽培へと目を向けたのです。

セイロンで初めて紅茶栽培に成功したのは、スコットランドからやって来た開拓者ジェームズ・テーラー（一八三五〜一八九二）です。彼は一六歳でセイロンにやって来たあと、キャンディ近郊でコーヒー農園に仕事を見つけ、コーヒーの栽培に従事、コーヒー全滅後は、マラリアの特効薬として知られたキナノキの栽培を手がけ評価を受け、一八六六年、キャンディ近郊のルーラコンデラでアッサム種を使った茶栽培を開始します。そして一八七三年にセイロンで製茶された茶をロンドンに送ることに成功しました。彼の茶はロンドンの茶商に非常に高く評価されました。

インド、セイロンでの茶栽培の成功に続き、一九世紀後半インドネシア、マラウイなどでもアッサム種を繁殖させた茶栽培が推進されます。一八八二年にはロシアもジョージアでの茶栽培に成功。さらに二〇世紀に入るとマレーシア、トルコ、ケニア、タンザニア、ウガンダなど茶の栽培地は世界各地に拡大していくのです。その多くは英国主導のプランテーション栽培でした。

茶の運搬の変化

一七二一年、英国では「第三次航海条例」が敷かれ、英国の港には英国船しか入港できなくなりました。イギリス東インド会社は茶の独占貿易を許され、競争がなかったため、中国で生産された新茶が英国人の食卓に届くまで約一年半近い時間がかかっていました。しかし、イギリス東インド会社の独占貿易が非難されるようになり、一八四九年に航海条例が廃止されると、その日数は大幅に短縮されます。

一八五〇年アメリカ製の快速帆船クリッパー「オリエンタル号」が、香港湾で一五〇〇トンの茶を積み、九七日という記録的なスピードでロンドンに帰着したのです。早く届いた茶は香り高くおいしい……国民は新鮮な茶を求めるようになります。英国の茶商にとってもクリッパーが運んだ茶は、今までよりも一トンにつき二ポンド以上の儲けになったため、アメリカのクリッパーへの依頼はあとを絶ちませんでした。一八五〇年にはスコットランドのアバディーン造船所で造られたクリッパーも登場します。

一八五〇年代後半に入ると、クリッパーによる時間短縮競争が始まりました。最初に荷

1880年代のスリランカでの製茶工程を記録したイラスト。(The Graphic/1888年1月7日)

下ろしされる茶は高値で取引され、船主や船長は莫大な利益と名誉を得ることができました。より早く新茶を店頭に並べたい茶商、速い船と次回の専属契約を取りたい茶商、野次馬も混じり、港はごった返します。一八五六年より優秀な成績を残した船には多額の契約金や、報奨金が出るようになり、茶輸送の質はどんどん上がっていきます。賭け好きの英国人たちは一番に到着する船を当てる賭けも始めます。この賭けは誰でも参加が許されたため、ティークリッパーレースは年を追うごとに白熱していきました。人びとはダービーやボートレースを楽しむ感覚でクリッパーレースを楽しむようになったのです。

3本マストのティークリッパーにより繰り広げられるレースは、人びとを熱狂させました。(Thomas Goldsworth Dutton 1886年/1950年版)

　茶が出荷される時期は四月と六月で、中国の茶の積み出し港は、広州、澳門《マカオ》、上海、福州、厦門でした。なかでも最も多く活用されたのが福州の港でした。

　しかし一八六九年スエズ運河が完成すると、中国と英国の航海日数は約四〇日に短縮されてしまいます。スエズ運河は人工的に造られた狭い運河のため波や風はなく、自力走行ができないクリッパーはその役割を終えることになるのです。

　現在、現存するクリッパーは「カティサーク」と名付けられた船一隻です。カティサークは当時の茶貿易の歴史を証明する貴重文化財産としてグリニッジに保管されています。

　国内での茶の輸送は、荷馬車が活用されていましたが、第一次世界大戦前後には、「トロージャン」と呼ばれる車種の車も利用されるようになり、茶の運搬スピードや配達時間の正確さは飛躍的に発展しました。一九二〇年代になると、多くの会社が車での茶の運搬を開始しました。

　紅茶の輸送は、茶産地でも発展をしていきました。茶産地は標高二〇〇〇メートル近い高地の場所もあります。標高の低い産地の場合は、船に乗せて河川で運ぶことができますが、高産地の場合はそれが難しく、製茶した紅茶を山の麓の町までどのようにして運ぶかは大きな課題でした。インドのダージリン、ニルギリは数ある茶産地のなかでもとくに険しい山岳地帯です。鉄道技術に優れていた英国は、一八八一年に世界最古の山岳鉄道「ダージリン・ヒマラヤ鉄道」を開通させました。一八九九年には「ニルギリ山岳鉄道」が開通します。これらの山岳鉄道は、茶産業のあと押しをする役割を果たしました。

馬車から車へ、茶の運搬は時代とともに進化していきました。

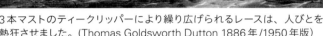

シュミーズドレスにショールをまとう貴族の女性は、社交界の中心人物だったデヴォンシャー公爵夫人ジョージアナです。彼女のファッションスタイルは多くの女性に影響を与えました。(1813年6月4日版)

ティータイムとファッション

ティータイムを楽しむ際の衣装や茶道具のデザインは、時代ごとに大きく変化していきました。一八世紀、一九世紀、二〇世紀、変遷していくティータイムの様子を、ファッションに注目して見ていきましょう。

エンパイア・スタイル

一八世紀半ばに古代ローマ遺跡が発掘されたことをきっかけに、女性のファッションにも古代ローマ風のデザインが取り入れられるようになります。それまでのロココ様式のデザインがあまりにも華美でありすぎたため、シンプルなギリシャ・ローマの古典様式はとても洗練された芸術様式だと当時の人の目に映りました。絶対王政時代のイメージが強いロココ様式の大きく広がったスカートは直線的になり、コルセットで細く締めつけていたウエストは解放されハイウエストになります。

エンパイアドレスはシュミーズドレスからの流れなので、肌ざわりのよい、柔らかな生地で作られました。とくに英国産のモスリンという生地が好んで使われました。モスリンとは単糸（紡績したままの一本の糸）を平織りにした生地のことで、もともとは羊毛で作られていましたが、英国がインドから綿を輸入するようになると、綿でもモスリンが作られるようになりました。細い綿の糸で織られたモスリンは非常に薄いのが特徴です。

シュミーズドレスはギリシャやローマより北にある西洋諸国では、防寒の役割を果たせなかったため、ショールも流行します。絵の中の女性にさしだされたトレイの上には、ティーカップ、クリーマーとシュガーポット、シュガートングが見えます（二七頁参照）。シュガーポットの大きさは、砂糖が高価だったことを表しています。

クリノリン・スタイル

ヴィクトリア朝になると、ルネサンス時代の舞台のオペラや劇が流行し、その当時のファッションを取り入れる女性が増えました。

袖はルネサンス時代に流行した羊の脚のようにボリュームのあるジゴ袖が好まれ、スカートも広がっていきます。ウエストの位置はもとの高さに戻り、また細い腰がもてはやされるようになります。スカートのボリュームはペチコートで出していましたので、何枚もペチコートを重ねてボリュームを出す女性が増え、重ねたペチコートは一〇枚以上にもなったそうです。

ペチコートの生地にハリを出させようと、ペチコートに麻の生地を使ったり、馬の尻尾の毛を織り込んだりする工夫も始まりました。その後、より軽くて、よりスカートのボリュームが出るようにと改良が進み、クジラのひげや針金を使ったものも現れました。それらはクリノリン（crinoline）と呼ばれました。馬の尻尾の毛を表すクラン（crin）と麻を表すリン（lin）からできた言葉です。この新しいペチコートはクリノリンと呼ばれ、ファッションそのものを示す言葉にもなっていきました。

ティーウェアにも注目してみてください。磁器製のティーポットでデザインも女性らしい小花柄のものが使われています。

クリノリン・スタイルのドレス姿で茶を楽しむ女性。当時のファッション画。(1862年版)

銀器のデザインも当時流行していたアール・デコのスタイルが取り入れられています。（Vogueの広告/1911年7月1日）

アール・デコ・スタイル

一九一〇年代、機能的で直線を重視した幾何学的なアール・デコ・スタイルの流行によりファッションにも変化が起こります。

衣装は一枚着となりデコルテ、腕などを出すようになっていきます。コルセットで締めつけられていたウエストから解放され、誇張のないシルエットが多くなります。ウエストラインは、やや高い位置に置かれ、ウエストを細いベルトでマークし、スカートは大きく広がらず、歩きにくいほどほっそりとした直線的なラインが流行となりました。

ドレスの素材にもシフォン、サテン、オーガンジー、レースなどの薄地や透ける生地が多用され、優美で繊細なスタイルを作り出しました。髪型はボリュームのあるスタイルが流行したので、羽根やリボン、花などをつけた装飾的で大きな帽子が合わせられるようになります。

絵の中のティーウェアを見てみるとまさに直線的でシンプルなアール・デコ・スタイルのティーセットが並んでいます。三段のケーキスタンドが置かれているところも時代を象徴しています。

ティールームの発展

ロンドンで最初のティールームは「ABC《エービーシー》」の愛称で親しまれた「エアレイテッド・ブレッド・カンパニー」のフェンチャーチ・ストリート支店内にオープンしました。店の女性支配人が、その場ですぐにパンを食べたい顧客《こきゃく》が多いことに気づき、紅茶のサービスの事業化を提案し一八六四年に実現しました。続けて、ABCは一八八四年、オックスフォードサーカスに大規模なティールームをオープンします。一九二三年までに、ロンドン市内に一五〇店舗を持つまでに事業を拡大しました。ABCのティールームは、バロネス・オルツィ（一八六五～一九四七）が一九〇九年に刊行したミステリー小説『隅の老人』の推理の舞台にもなりました。

ティールームのウェイトレスは女性に人気の職業となりました。（The Illustrated London News/ 1897年10月30日）

女性が一人で出歩くことがまだ難しかったヴィクトリア朝後期、ティールームは男性のエスコートがなくても女性が利用できる店として、休息場所、待ち合わせ場所として活用されました。一八九四年には、ロンドンのピカデリーに葉巻事業で成功したライオンズ社も大規模なティールーム展開を始めました。

こうしたティールームの事業展開は、フランスにも波及します。フランスに点在していた「カフェ」は、男性がコーヒーやアルコールを飲む場所であり、女性が一人で入店することはためらわれる風潮がありました。そのため一九世紀末になり、フランスでも女性の社会進出が進むと、女性のみでも利用できる公共の場の需要が高まりました。一九〇三年パリの洋菓子店「アンジェリーナ」が、ケーキショップの併設施設としてフランス版のティールームであるサロン・ド・テをオープンさせます。そして一九三〇年には、パン屋から発展した「ラデュレ」が一八世紀の王室をイメージし、ロココ様式で整えられた宮殿のような雰囲気を持つサロン・ド・テを開設し、話題を呼びました。

フランスでは家庭内で日常的に紅茶を飲む人は少なかったため、紅茶は身近にない飲み物、コーヒーより高価な飲み物というイメージが定着していたため、サロン・ド・テは、紅茶とこだわりの茶菓子を楽しみながら、貴婦人の気分に浸り優雅な午後を過ごす場所として人気となりました。

ティーバッグの普及

ティーバッグは一九世紀半ばに、西洋で古くから親しまれていた「ブーケガルニ」（煮込み料理やスープを作る時に、一回分の調味料を布袋に入れたもの）にヒントを得、ティースプーン一杯分の茶葉をガーゼで包んで端を集めて上部を紐で縛りボウル状にしたものをそのままポットに入れられるようにと、一部の家庭の中で手軽さを意識して始められたことが起源とされています。その形から「ティーボウル」または「ティーエッグ」と呼ばれていました。この習慣に、英国人、A・Vスミス（生没年不明）が目をつけ、一八九六年に特許を取得しますが、実用化にはこぎつけられませんでした。

ティーバッグが商品化されたのは一九〇四

ガーゼを巾着にしたティーボウルの宣伝広告。(Tao Teaの広告／The Ladys, Home Journal/ 1926年2月)

年のことです。考案者はアメリカの茶商トーマス・サリバン（生没年不明）でした。彼は、錫《すず》の缶などに入れられて配られていた紅茶のサンプルを、経費削減のため、絹の袋に替え得意先に送っていました。しかし「茶の抽《ちゅう》出《しゅつ》が悪い」とクレームが相次ぎ、頭を悩ませていました。彼の得意先はレストランやホテルが多く、茶への知識不足から、顧客は絹の袋にそのままお湯をかけていたのです。小袋の素材を絹からガーゼに変更すると「抽出がよくなった」と好評を得、さらに「そのガーゼの袋を売ってくれ」という予期せぬ注文が舞い込みます。

　レストランやホテルのように、大量の紅茶を淹れるお店に向け、トーマス・サリバンは一九〇四年にガーゼに一定量の茶葉を包んだ商品をプロデュースします。

　このような流れで商品化されたティーバッグですが、一九五〇年近くには、家庭でも広く利用されるようになり、その消費はアメリカ全体の紅茶消費量の七割を担うほどになりました。そして現在では、英国にも深く浸透、英国人の九割以上の人がティーバッグで紅茶を愛飲しています。

ティーバッグで抽出したアイスティーを楽しむ女性。(Lipton広告/1944年)

日本の紅茶の歴史

一八五四年に開国した日本は明治維新を迎えると西洋の新しい文化をさかんに取り入れた「文明開化《ぶんめいかいか》」が東京の中心部や一部の上流階級の人びとを中心に始まりました。その流れを受け一八八七年に公式記録のうえで初めての外国産の紅茶一〇〇キログラムが英国より輸入されます。この紅茶は、内外の高級官僚や限られた財界の有力者たちの社交用に供されたものだと考えられています。

当時、紹介された紅茶の飲み方はヴィクトリア朝の英国のエチケットにのっとったもので、もちろんミルクティーでした。英国式のティーセレモニーは、上流の人びとの関心を誘います。西洋の「Black Tea」は、ブラックチューと発音され、そのような商品もその後、国内に出回ります。直訳の「黒茶」ではなく、「紅茶」の名前が定着したのは、茶にお湯を通すと今まで見たことがないような、紅色になることからできた意訳語といわれています。

紅茶は西洋に渡り帰国した人びとにも人気があり、顧客のニーズに応えて、洋酒、洋食品の輸入の筆頭だった明治屋は、英国のリプトン社のブレンドティーを一九〇六年に輸入します。これが個包装された紅茶の輸入の始まりとなりました。

一八五八年の開国時、明治政府は、産業を復興して海外との貿易をさかんにすることを国策としました。その頃の日本の主な輸出品は、生糸、ついで緑茶でした。初年度は一八〇トン輸出された緑茶でしたが、一八六八年の輸出量は六〇六九トンと、一〇年で驚異的な躍進を遂げました。しかし英国を含む西洋諸国は、嗜好《しこう》が緑茶から紅茶に変化しており、西洋諸国に輸出された日本の緑茶は、大部分はアメリカへ向けて再輸出されていたのが現状でした。明治政府は国内での紅茶生産に政策を転換します。

一八七四年、中国から二人の紅茶製造技術者が招かれ、大分と熊本で中国式の紅茶製造の教えを伝授しました。そして紅茶製法書を編集し、各府県に配布し紅茶の製造を奨励する役目を負いました。さらに政府は翌一八七五年一一月、勧業寮に属していた多田元吉《ただもときち》(一八二九〜一八九六)を中国への紅茶視察の調査員に任命します。元吉は中国の著名な紅茶産地において製造法を調査すると同時に必要な諸機器、多くの茶の種子を購入します。そして翌一八七六年一月に帰国し、これを播《は》種《しゅ》し、改めて紅茶栽培を始めました。

その年の三月、元吉ほか二名はインドのダージリン、そしてアッサムに派遣されます。アッサムでは日本人として初めて「アッサム種」の茶樹を目にしました。元吉の調査は、茶の製造工程だけでなく、茶畑の栽培方法、仕様機器のスケッチ、茶園の経営調査にまで及びました。一八七七年二月の帰国の際には、茶の種子および見本茶を持ち帰りました。この時元吉がインドより持ち帰った茶の種子は東京新宿試験場及び静岡、三重、愛知、滋賀、京都、高知などの府県に播種《はしゅ》されました。

その後、元吉は、高知県に派遣され、山の自生茶葉を使用し、インド式製法により初めての紅茶製造を開始しました。結果、これまで作ったものよりはるかに優れた香り高い紅茶の製造に成功したのです。しかし試作品を試飲した諸外国の批評は、価格面などを総合すると厳しいものでした。政府は一八七八年以降、諸県に元吉を出張させ、紅茶の製造技術を直接指導させました。彼の努力により、九州や四国を中心に五〇トンほどが作られようになりました。さらに生産量は増加し、一八九二年には一五〇トンほどが生産されるようになりました。国産紅茶の増産に伴い、日本の紅茶を海外に販売していこう……と、国内にも紅茶会社が誕生しますが、インドやスリランカとの価格競争は厳しく、国産紅茶の輸出は残念ながら厳しい立場に立たされるようになります。また国内では「紅茶を飲む」ということが、一般的にはならなかったことも国産紅茶の盛り上がりに歯止めをかけました。

しかし、日清《にっしん》戦争で割譲した台湾《たいわん》が紅茶作りに向いていることがわかり、三井農林の前身である三井合名会社が主となり、台湾での紅茶栽培が急速に進められ、台湾紅茶を日本紅茶として発売する光が見えてきました。第一次世界大戦中は、国産紅茶産業は優位に立ちます。ニューヨークのウォール街の大恐慌で、ロンドンでの紅茶取引価格が暴落したこと、インド、スリランカ、ジャワの茶業者の輸出制限により、日本紅茶の需要が望まれたことが味方をし、一九三七年に最大六五〇〇トンもの紅茶が世界に輸出されることになりました。その大部分は台湾で製茶されたアッサム種の紅茶でした。

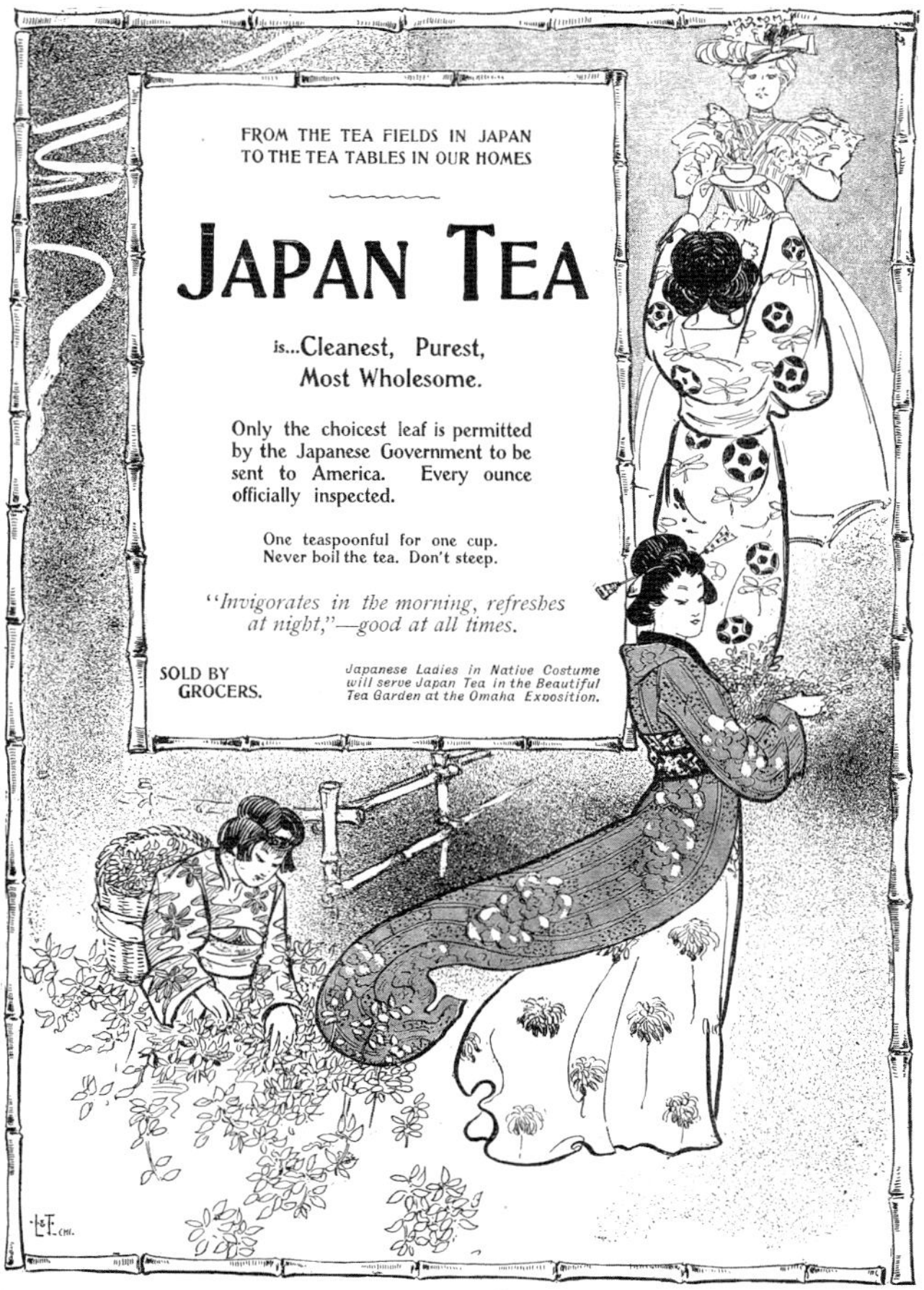

英国で販売された日本茶の宣伝広告。(1898年版)

しかし、輸出制限が解除されると、再び、品質面、価格面でのマイナスが目立つようになります。第二次世界大戦中は、日本のすべての茶の輸出はストップしてしまいますが、戦後、紅茶の主な産地であるインドやスリランカが戦争の被害を受け生産停止、さらに独立運動による混乱期に入ると、いち早く農業が回復した日本は大量の緑茶、紅茶を海外に輸出することに成功します。その流れに乗り、一九五三年には品種登録制度が始まり、紅茶用品種が次々に登録されました。しかし日本経済が成長するに伴い、国内の物価上昇が進み、価格面で不利が拡大していきます。さらに一九七一年、紅茶の輸入は自由化が承認されたことにより、諸外国からの安価な紅茶が日本市場にも自由に輸入されてくるようになり、国産紅茶の価値は急速に失われていきました。

しかし、緑茶製造と並行して、紅茶作りを再熱させせようと尽力していた茶園もありました。国内での緑茶消費量が低下しつつある現代、国産の紅茶に再び注目が集まってきています。二一世紀の紅茶作りは、「視察が気軽にできる」「洋菓子とのペアリング」「ミルクティーに合う紅茶」「安全性の透明化」など、元吉の時代とは異なるニーズを請け負っての発展が期待されています。

CHAPTER

第2章

紅茶の製法と茶産地

紅茶は緑茶と同じくカメリア・シネンシスが原料です。本章では紅茶の栽培から、製茶までの一連の工程、そして世界に広がっている主要な紅茶生産地を紹介していきましょう。

上：中国種の小さな新芽。茶摘みで量を摘むのは難儀です。
下：アッサム種の新芽。一芯二葉で摘むことが基本となっています。

品種

紅茶の原料は、学名「カメリア・シネンシス」と呼ばれるツバキ属ツバキ科の永年性の常緑樹です。茶は、この茶樹の新芽や若葉および柔らかい茎などを主に原料としたもので、世界的な飲料の一つです。

茶樹の品種は、大別してアッサム種と中国種の二種類に分けられます。このほか、雑種や交配種など産地に適した品種が栽培され、その産地の土壌や気候によって個性的な紅茶が生まれます。中国種とアッサム種の特徴を紹介しましょう。

中国種は、灌木《かんぼく》（樹高三メートル以下）で枝が多く、地際から多数の幹がでます。葉は小さめで堅く、先端が短楕円・尖っているもの

などさまざまな形があります。

二〜三メートルの深さに根を張るので耐寒性に優れ、冬季にはマイナス八度まで耐えるので、冬に凍結する地域でも栽培できます。比較的タンニンの含有量が少なく、酸化酵素の働きが弱いことから、一般に緑茶向きとされています。中国、日本や寒冷なインドのダージリン、スリランカの高地などで紅茶用として栽培されています。水色は比較的淡く、繊細でデリケートな香り、すっきりした味わいの紅茶ができあがります。

アッサム種は高温多湿の熱帯地域を好む喬《きょう》木《ぼく》です。樹高が八〜一五メートルにもなり、主幹は一本で、枝がまばらに広がります。成葉は大きく肉厚です。三〇センチほどの浅いところに根を張るので耐寒性は弱く、冬季にはマイナス四度で凍害が生じるので栽培は無霜地域に限られます。タンニンの含有量が多く酸化酵素の働きが活発なため、紅茶向きとされています。インド、スリランカ、アフリカ、インドネシアなどで主として栽培され、深みのある赤い水色やコクのある強い味わい、濃厚な香りを持つ紅茶になります。

標高

カメリア・シネンシスは、栽培する土地の標高の特徴によりそれぞれに適した品種があり、その地形にあった品種が植樹されています。一般に高い標高に適した品種は耐寒性の強い中国種で、低い標高に適した品種は暑さに強いアッサム種とされています。そしてこの標高の違いが各産地の紅茶の味にも大きな違いをもたらしています。

高産地の紅茶の水色は明るく冴えがあります。気温が低いので、茶葉の成長はゆっくりとなり、成分が凝縮された味になるのが特徴です。栽培地の標高が高くなるにつれ、心地よい刺激的な渋みと切れ味が強くなり、香りの優れたものが多くなります。

低産地の紅茶の水色は濃く、少し濁りが出ます。気温が高いので茶樹の成長は早くなるため、味は大味となり渋みが少なく、香りも弱くなります。生産量も多く、紅茶の消費量が多い国に多く輸出されています。

紅茶の産地スリランカでは、製茶工場の標高立地により、ハイグロウン、ミディアムグロウン、ローグロウンの三つに区分されています。

高産地での茶摘みは、畑の傾斜が厳しく、足下は不安定です。

標高四〇〇〇フィート（一二〇〇メートル）以上の工場で製茶されたものがハイグロウンティーとされます。標高が高いため、冷涼な気候とそれに反する強い日差し、昼夜の温度差などが高品質な茶葉を育てています。主な産地は、ヌワラエリヤ、ウダプセラワ、ウバ、ディンブラです。

標高二〇〇〇～四〇〇〇フィート（約六〇〇～一二〇〇メートル）の間の工場で製茶されたものがミディアムグロウンティーで、代表的な産地はキャンディです。

標高二〇〇〇フィート（六〇〇メートル）以下の工場で製茶されたものがローグロウンティーで、主な産地はサバラガムワ、ルフナです。

紅茶の製造方法

オーソドックス製法

紅茶の伝統的製法として、オーソドックス製法があります。工程は①摘採《てきさい》、②萎凋《いちょう》、③揉捻《じゅうねん》、④玉解《たまと》き・ふるい分け、⑤酸化発酵《さんかはっこう》、⑥乾燥、⑦等級区分となります。「摘採」は一芯二葉から三葉と呼ばれる芯芽や若葉を手で摘み取ります。その後、摘み取った茶葉の水分を減少させる「萎凋」と呼ばれる作業が行われます。温風で乾燥させる人工萎凋と自然に日陰干しする自然萎凋の二通りが主流ですが、どちらの場合も一〇～一五時間かけて葉の水分を約六割程度まで減少させます。この工程を経ることで次の工程となる「揉捻」が行いやすくなります。「揉捻」では、萎凋した茶葉を揉み込み酸化発酵をさせながら形を整えます。揉捻をし、塊《かたまり》になった茶葉は団子状になっているため、塊をほぐすために「玉解き・ふるい分け」と呼ばれる作業が行われます。この作業が終了すると、さらに茶葉の「酸化発酵」を促すため、室温二〇～二六度、湿度は九〇％にされた部屋に移されます。この酸化発酵が紅茶を作るうえで重要なポイントとなり、この発酵過程により、紅茶特有の香りが生まれます。

酸化発酵の工程が終了すると茶葉は「乾燥」の工程に移ります。九〇度以上の熱風で、葉の水分が三～五％になるまで乾燥させ、酸化酵素の働きを止めます。ここでできあがった茶葉は荒茶と呼ばれ、このあとサイズや形

CTC製法の茶葉。

オーソドックス製法の茶葉。

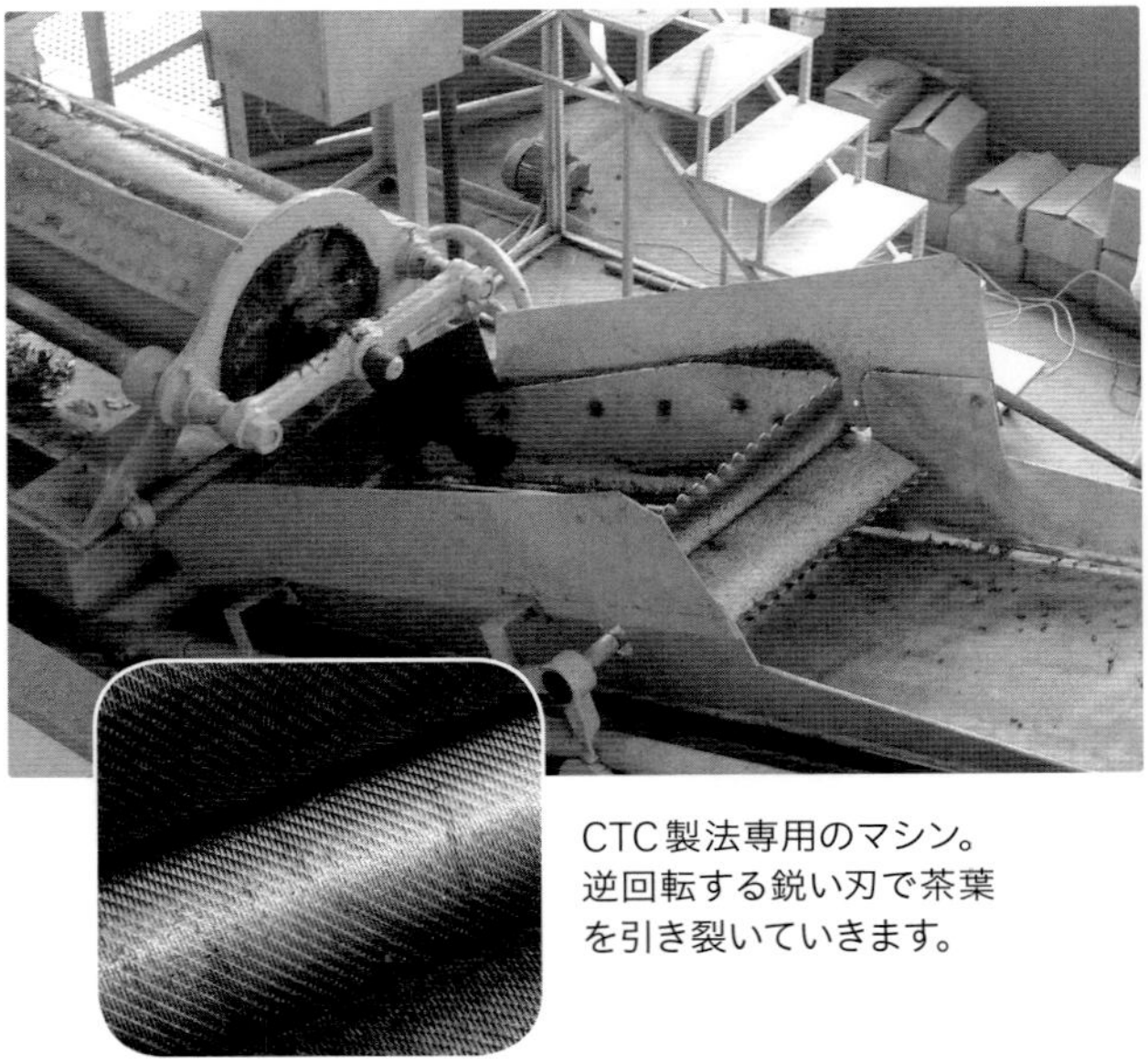
CTC製法専用のマシン。逆回転する鋭い刃で茶葉を引き裂いていきます。

を整え、仕上げ茶にします。「乾燥」後は、茶葉の中にある混入物を取り除き、葉の大きさと形状ごとにサイズ別（グレード別）に区分する「等級区分」が行われます。これらの茶は原料茶といわれ、最終的には専門家の手によりブレンドされて初めて紅茶製品となります。

茶葉の等級区分（グレード）

		等級記号	記号の読み方	
オーソドックス製法の茶葉の等級区分	フルリーフ	SFTGFOP	スペシャル・ファイン・ティッピー・ゴールデン・フラワリー・オレンジ・ペコー	大きな茶葉
		STGFOP	スペシャル・ティッピー・ゴールデン・フラワリー・オレンジ・ペコー	
		FTGFOP	ファイン・ティッピー・ゴールデン・フラワリー・オレンジ・ペコー	
		GFOP	ゴールデン・フラワリー・オレンジ・ペコー	↑
		FOP	フラワリー・オレンジ・ペコー	
		OP	オレンジ・ペコー	↑
		PS	ペコー・スーチョン	
		S	スーチョン	
	ブロークン	BFOP	ブロークン・フラワリー・オレンジ・ペコー	
		BOP	ブロークン・オレンジ・ペコー	↓
		BP	ブロークン・ペコー	
		BPS	ブロークン・ペコー・スーチョン	↓
	F&D	BOPF	ブロークン・オレンジ・ペコー・ファニングス	小さな茶葉
		F	ファニングス	
		D	ダスト	

CTC製法

CTC製法は、一九三〇年インド・アッサムでW・マック・カーチャー（生没年不明）が考案したもので、北インドのアッサム、ドアーズを中心に急速に普及しました。その後アフリカ新興産地や他の産地でも広く採用されています。CTCとは、CLUSH（つぶす）、TEAR（ひき裂く）、CURL（粒状に丸める）の略で、この頭文字をとって名付けられました。機械を使って人工的に一～二ミリ以下の細かい茶葉を作り、大量生産できるようにしたのがCTC製法です。

この製法は茶葉を摘採したあと、「ローターバン機」と呼ばれる肉挽き機を改造して作った機械で茶葉を細かく揉捻していきます。軽く萎凋された茶葉を「CTCローラー機」で二本のローラーの間に挟み込み、組織細胞を切断していきます。絞り出した茶汁を付着させながら、粒状に丸めて成形した後「連続自動発酵機」で粒状になった茶葉をほぐし、酸化発酵を調整していきます。その後「乾燥機」で発酵させた茶葉に一〇〇度前後の熱風を当て、水分が三％程度になるまで乾燥させていきます。

CTC製法で作られた紅茶は、外観は細かな茶葉で、より濃厚な紅茶液が抽出することができるため、急激に発展していきました。ティーバッグの茶葉やブレンド用などに多く使用され、コストも安価でデイリー用として紅茶を楽しめるようになりました。そのためケニア産は、ほぼ一〇〇％近くがCTC製法となっており、インド産も九〇％近くがＣＴＣ製法になっています。近年は世界中の紅茶生産量の約六〇％近くがＣＴＣ製法で製茶されています。味や香りの特徴としては、コクの強い濃厚な味で、熱湯で短時間のうちに強い香味と水色が得られますが、オーソドックス製法と比べると香りが弱く感じられます。

製茶工程

茶摘みから始まる紅茶の製造現場。そこには多くの人たちがかかわっています。茶園によっては、製茶の製造工程を一般の観光客に公開しているところもあります。ただし、通常はもちろん仕事の現場ですので、一般客は立ち入り禁止の工場がほとんどです。

オーソドックス製法の製茶工程の流れを写真とともに追ってみましょう。茶畑で摘まれた葉が、紅茶となるまでには約一日半かかります。茶摘みされた葉は、一日に数回の計量後、工場に運び込まれ、随時萎凋にかけられますが、長時間かかるため、次の工程の揉捻、発酵の作業は、夜中から明け方に行われることが多くなっています。また日曜日は茶摘みが休みの国がほとんどですので、日曜日の午後～月曜日の午前中の時間は、製茶作業が行われないことが普通です。

1
手摘みでの茶摘み風景。

2
アフリカ大陸や南インドではハサミを使った茶摘みも増えています。

3
摘んだ茶葉は1日に2～3回計量します。

4
巨大な製茶工場。

5
萎凋槽。大きな工場では10本以上設置されていることも。

6
茶葉が蒸れすぎないように網の上に茶葉をのせます。

揉捻機には1度に300キロ程度の茶葉が入ります。

茶葉を強く揉むためのヒルが付いている揉捻機。産地によってはヒルがないタイプを使用します。

発酵。産地によっては発酵の過程を設けない製茶方法を選択しているところもあります。

製茶工場内部。奥に設置してあるのが乾燥機です。

グレーディングの機械。上から下に、篩の網目が細かくなっていき、茶葉を大きさで区分していきます。

グレードの種類。何種類に区分けするかは茶園により異なります。グレードは大きさで、質ではありません。

袋詰めされた紅茶。この姿で輸出されます。グレードにより1袋に入る量は異なりますが、平均30〜50キロです。

同じ日に作ったグレード別の茶葉のテイスティング。北向きの部屋で行います。

紅茶の鑑定とブレンド

茶園で製造された茶葉は、鑑定（ティスティング）が行われたあと、グレードごとに価格がつけられ、オークション、買い付けへと流通していきます。良質な紅茶は、茶葉が明るく、濃く、大きさが揃っていて、茶液は香りと味がよく、全体的にバランスの良いもので茶殻は明るく銅色の艶があり、香りの高いものとされています。

一般に流通している紅茶商品の多くはブレンド商品です。紅茶は農産物であるために、同じ茶園で生産されたものであっても日によって品質、価格は異なります。そのため異なる品質、価格の紅茶をつねに一定の品質、価格で提供するためにブレンドは必要となってくるのです。

ブルックボンドのテイスティングルームの様子。
（Brooke Bondの広告/1955年6月4日）

紅茶のブレンドは、それぞれの原料茶が持つ短所をお互いにカバーさせ、その紅茶の一つ一つのキャラクターを活かすための非常に重要な作業です。しかしすべての紅茶をブレンドしてしまうのでなく、次で紹介する「クオリティーシーズンティー」など、混ぜ合わせなくてもおいしいものは単一で販売をされます。

紅茶のブレンドで大切なことは消費地の水質を考慮することです。紅茶は、水やお湯で抽出《ちゅうしゅつ》させる飲み物ですから、どんな水で抽出を行うのかにより、ブレンドの内容を変化させる必要があるのです。一九世紀、英国の紅茶商により考案された水質を意識したブレンドは、西洋各国に浸透し、当時は大貴族などに「あなたの邸宅の水に合わせたブレンド紅茶」を提供する紅茶会社もあったそうです。

繊細な材料を使いこなし、継続して同じ味を作り続けていくためには、専門家の力が必要になります。その専門家が「ティーテイスター」「ティーブレンダー」です。消費者のニーズや、産地のあらゆる時期の茶の特性、水の特性などを理解していなければならず、熟練のブレンダーになるには一〇年以上かかるといわれています。

商品化されている紅茶は、それぞれの企業が研究の末に作り出したものであり、ブレンドのプロの技が光る、いつ飲んでも同じ味、同じおいしさを楽しめる紅茶なのです。

世界の紅茶産地の特徴

紅茶は生産地により味わいが異なります。世界中の紅茶の産地では、年間を通して茶摘みが行われていますが、野菜や果物と同じく、紅茶にも風味が充実する季節、旬《しゅん》があり、「クオリティーシーズン」と呼んでいます。クオリティーシーズンの紅茶は、その時期ならではの味や香りに優れているのが特徴です。その要因は産地によってさまざまです。

その年最初の新芽で作る一番茶の場合には、冬の休眠期間と茶葉がゆっくり成長するための適度な気温がおいしさのポイントになります。もともと暖かい地域が原産の茶の木にとって、寒い冬は成長を止めて栄養を蓄える季節です。春になり、栄養分や旨《うま》み成分をたくさん含んだ新芽だけを摘み取って作られた新茶は特別香り高く、甘みの引き立った紅茶になります。また日光も紅茶のおいしさに影響を及ぼします。紅茶の成分であるタンニンは、紅茶のコクやボディ感、香りなどに影響を与える成分で、日照量が増えるほど大量に生成されます。そして季節風《モンスーン》も紅茶の風味に影響を及ぼします。山を越え吹き下りてくる冷たく乾いた風に当たりながら、茶葉がゆっくり育つことで、成分が凝縮し、味わい深い紅茶となります。

旬の紅茶は、こうした自然が育む一期一会の味わいなのです。好きな産地のクオリティーシーズンを知り、旬の紅茶を楽しんでみるのもお勧めです。それでは代表的な紅茶生産地を国別に紹介していきましょう。

紅茶のクオリティーシーズン（天候により前後します。）

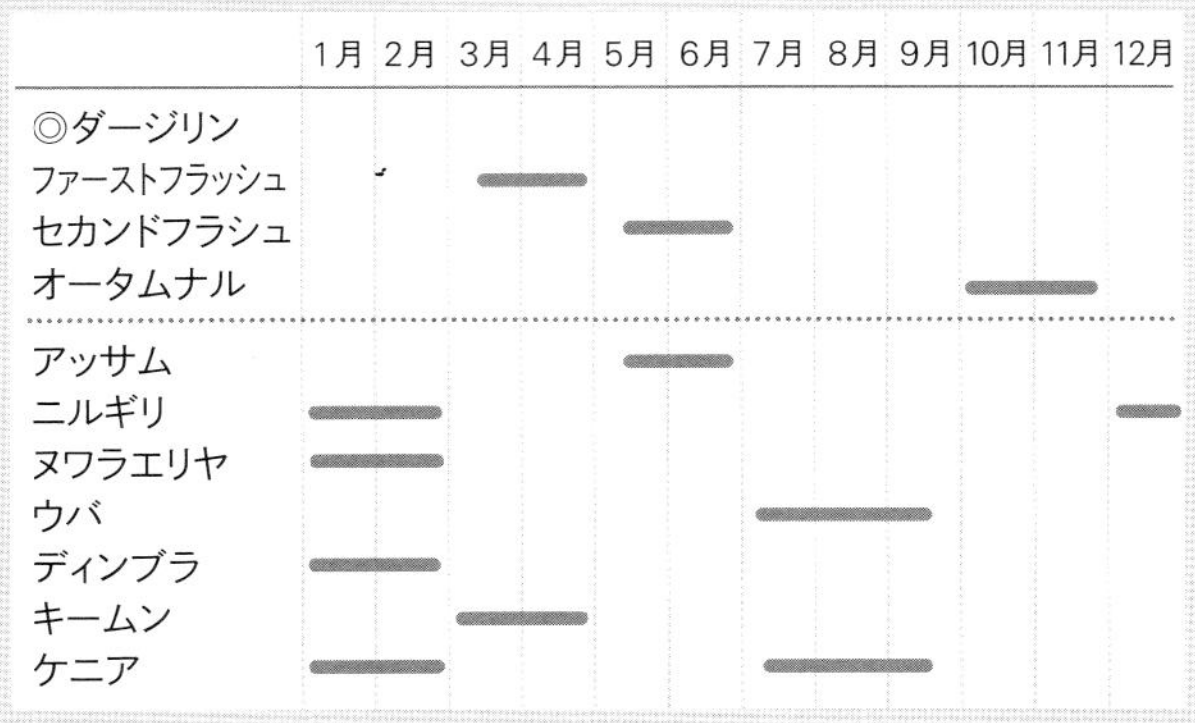

『インド』

インドでの紅茶栽培は、一九世紀に入ってから英国人主導のもとで始まりました。紅茶の生産は北東インド（西ベンガル州、アッサム州）が約七割と南インド（タミルナドゥ州、ケララ州）の三割が占めています。国土の広いインドでは、北側と南側で気候に差があり、それぞれの地域で個性の異なる紅茶が生産されています。

インドは、わずか一五〇年の間に世界トップの紅茶生産国となりましたが、これは英国の大資本と技術発展による大規模なプランテーション産業の開発によるものです。

ダージリン

インド西ベンガル州に位置する、標高五〇〇～二〇〇〇メートルの高地で紅茶の栽培がされています。日中と朝晩の寒暖差が大きいことにより濃い霧が発生し、この霧がダージリンティーの独特な味と香りを作り出します。

一八四一年から茶栽培が始まり、現在は八七の茶園で紅茶が作られています。世界三大銘茶の一つでもあるダージリンティーは季節によって、味や香りに大きな違いがあります。フレッシュで爽やかなファーストフラッシュ、マスカテルフレーバーといわれる芳醇な香りが特徴のセカンドフラッシュ、深みがある味わいのオータムナルと一年に三回の旬を迎えます。夏場の雨季のシーズンの紅茶はモンスーンティーと呼ばれ、品質が低下します。生産量はインドで生産される紅茶の約一％弱と少なく、非常に希少価値の高い紅茶です。

アッサム

インド北東部アッサム州のブラマプトラ河の流域に広がる標高五〇〇～五〇〇メートルの肥沃な大地で紅茶の栽培がされています。一八二三年に、アッサム種の茶樹が発見されたことにより、紅茶作りが本格的に開始されました。現在では約七五〇〇もの茶園が広がり、インドで生産される紅茶の約半分の割合を占めるほどにまで発展しています。水色は褐色を帯びた濃い紅色で、濃厚なコクと甘い香りがあるのが特徴でミルクティー向きの紅茶として愛されています。

ニルギリ

インド南部タミルナドゥ州にある標高一二〇〇～一八〇〇メートルの場所に位置し、現地の言葉で「青い山」を意味する高原地帯に茶畑が広がっています。ニルギリでは、一八五三年から茶園開拓が始まりました。一年中茶摘みが行われ、年間を通して安定した生産がされ、マイルドな味わいが特徴の紅茶です。

現在はインド国内向けの紅茶供給地とされ、インド国民の嗜好に合うCTC製法での生産をさかんに行っている反面、完全手揉みのプレミアムティー、緑茶、白茶などといったこだわりの茶作りをしている茶園も増えています。

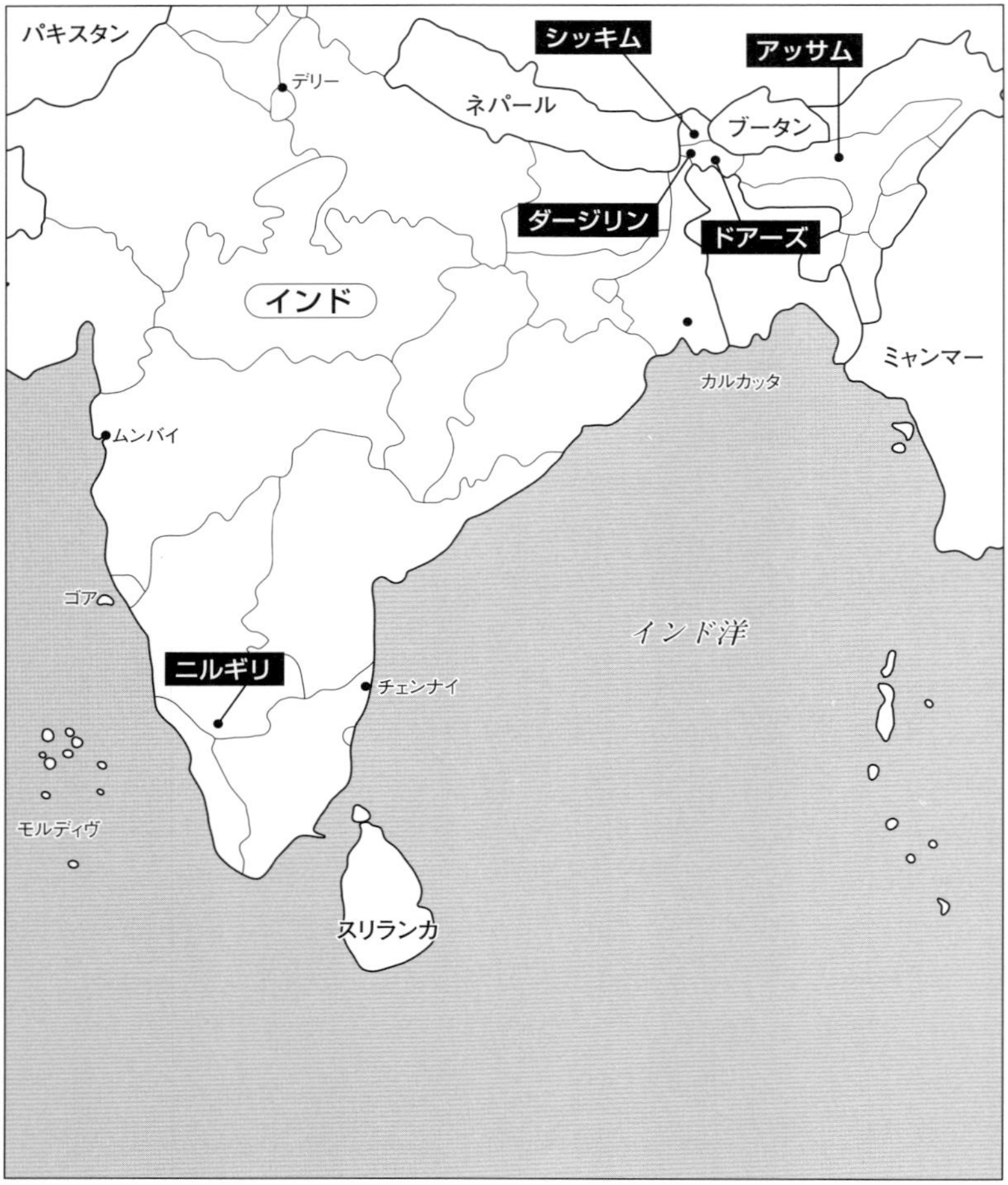

シッキム

ダージリンの北に位置するシッキム州は、かつては王国でしたが一九七五年にインドに併合されました。紅茶の生産はこの頃から始められました。大型茶園はテミ茶園のみで、他は小規模農園です。標高は一〇〇〇〜二〇〇〇メートルほどで、最高気温が二八度を上回ることは、ほとんどない寒冷な気候です。製造方法は、オーソドックス製法が主です。ダージリンに近い立地と、ダージリンから茶樹を譲り受けた背景もあるため、味や香りもダージリンに似た性質の茶が作られています。

リプトンの広告に使われたダージリンの茶摘みの様子。（The Times of India Annual/1949年）

ドアーズ

インド北東部に位置し、標高三〇〜三〇〇メートルの丘陵地で作られる紅茶です。冬は冷え込みが厳しく、朝と夜には冷たい霧で包まれます。また、夏が極めて短いことも特徴です。この地では一八七四年頃から茶業がさかんになり、現在一五〇ほどの茶園があります。インド国内の需要を賄うために、大部分がＣＴＣ製法で製茶され、国内のティーバッグの原料となっています。アッサムに似た風味を持ちますが、若干マイルドです。

『スリランカ』

インドの南東にある小さな島国スリランカは赤道のすぐそばにあり、一年中紅茶の栽培が出来ます。かつてはオランダ、英国の統治下にあり、当時はコーヒーの栽培地として世界第二位の生産量を誇っていました。しかしコーヒーの木が病気になったことを機に一八六〇年以降に紅茶栽培へと転換します。現在七つの紅茶の生産地を持ち、世界三位の生産量を誇ります。標高の高さの違いと、北東モンスーン（一一〜二月）と南西モンスーン（六〜九月）の影響を受けたバラエティーに富んだ紅茶が生産されています。

ヌワラエリヤ

スリランカ南西部、山岳地帯にある産地で標高一八〇〇〜二〇〇〇メートルに位置します。日中の強い日差しと夜間の冷え込みの差が茶葉の香味に特徴を与えており、上品な紅茶として人気があります。茶樹は主に中国種が用いられており、製法はオーソドックス製法で揉捻はしますが、発酵工程を省いて乾燥することが多いようです。一年を通して生産されますが、とくに良質なのは北東モンスーンの影響を受けた一〜二月とされ、花香と適度な渋みが感じられます。水色は透明感のある淡いオレンジ色で、緑茶に近い味わいがあります。

column

マスカテルフレーバー

紅茶は花のような、若草のような、蜜のようななどと多種多様な香りが表現され、香気成分が500種以上あることがわかっています。

なかでもダージリンのセカンドフラッシュの香りとして有名なマスカテルフレーバーは、ウンカという虫の働きにより作り出されます。セカンドフラッシュの生産シーズン、ダージリン地方は気温が上がり、ウンカが大量発生します。ウンカは、茶葉の柔らかい部分から汁を吸います。ウンカにかまれた葉は、治癒しようとするための物質（ファイトアレキシン）を作り出しますが、これらが甘い香りを演出するのです。この香りを分析すると、リンゴの香りを示す物質（ジメチルオクタジエンジオール）とそれが脱水したグリーンな香りを示す物質（ジメチルオクタトリエンオール）が混在しています。これらの香りがあわさってマスカットのような香りになるのです。果物のマスカットにもこの２つの成分が含まれています。

こうした物質がウンカの働きによって作られ、紅茶の香りを左右することになるのです。

茶畑で茶摘みをしていると小さなウンカに出会うことも。

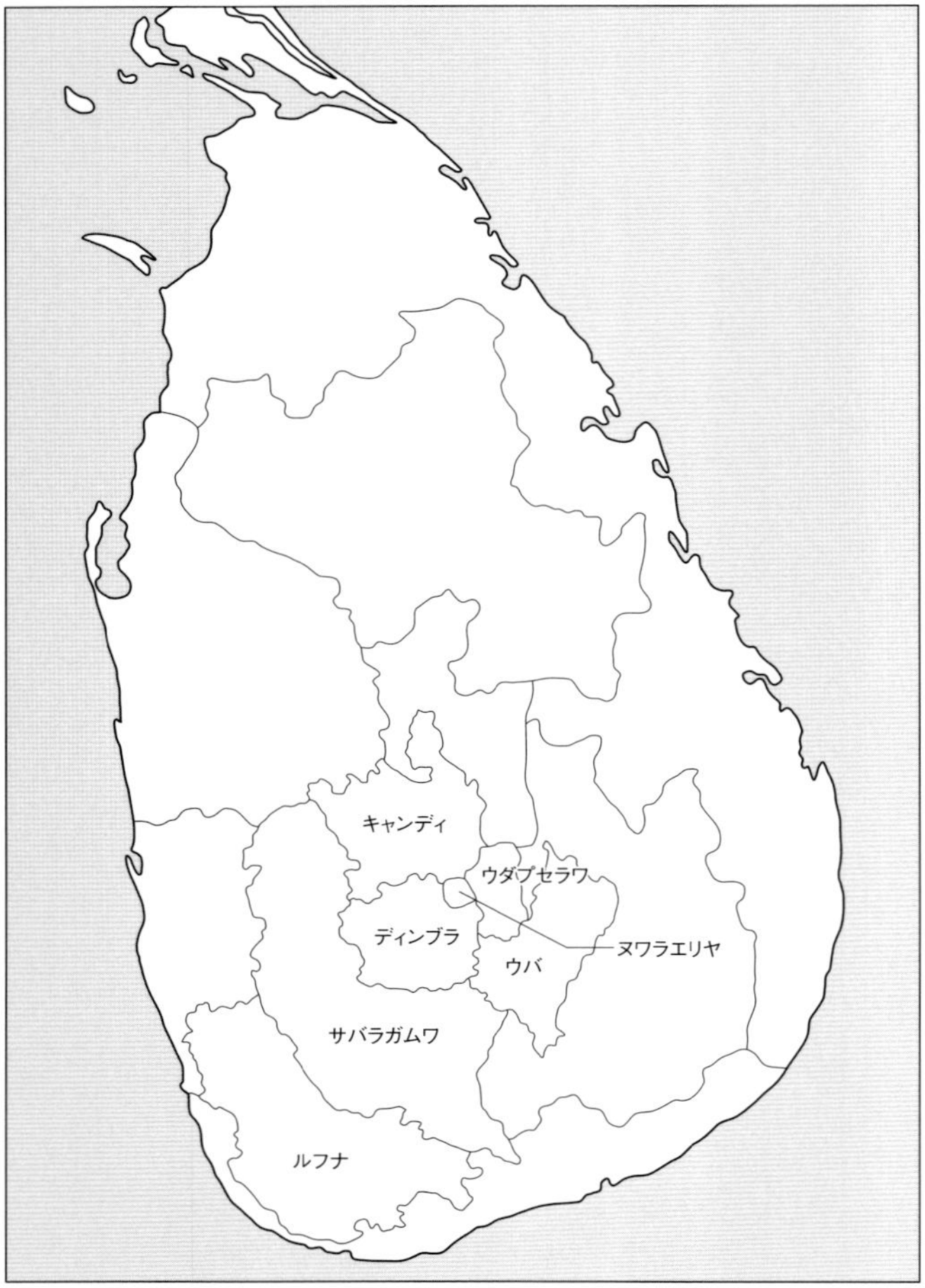

ウダプセラワ

ウバ地区北部とヌワラエリヤに接する、標高一二〇〇メートル以上の高産地で作られている茶葉です。年間を通して茶葉は生産されますが、モンスーンの影響により年に二回クオリティーシーズンを迎えるため、一〜二月はヌワラエリヤに近い品質のものが、七〜九月はウバに似た品質のものができあがります。この地区では、冷たく乾燥した気候の恩恵で、付加価値が高い茶葉が生産されるため、近年注目の産地となっています。

ウバ

スリランカ中央山岳地帯の南東部全域を指し、茶園は標高一〇〇〇〜一七〇〇メートルの範囲にあります。茶葉は一年を通して生産されますが、乾季にあたる七〜九月は良質な茶葉が生産され、この時期の茶葉はウバフレーバーと呼ばれるメンソール系の独特な香りがあります。茶樹は主にアッサム種でオーソドックス製法が主流です。またウバは世界三大銘茶の一つでもあり、爽快な渋みとコクのある味わい、美しい水色が特徴の茶葉でもあります。

ディンブラ

スリランカ山岳部の南西斜面、標高一二〇〇〜一七〇〇メートルの位置に広がる産地です。北東モンスーンの吹く一〜二月の冷たく乾燥する気候がクオリティーシーズンとなりますが、年間を通して安定した品質の茶葉を生産する産地でもあります。茶樹はアッサム種が多くオーソドックス製法が主流で、茶葉はBOPタイプが中心です。水色は明るい鮮紅色で花のような香りがあり、適度な渋みと爽快感があります。

キャンディ

スリランカ南部の内陸に位置する、シンハラ王朝があった古都キャンディは、標高が七〇〇〜一四〇〇メートルの中産地を代表する産地です。セイロン紅茶の生みの親といわれるジェームズ・テーラーが、最初に茶園を開いた場所としても知られています。主にアッサム種が使用されており、収穫は通年を通して行われ、品質が安定していてバランスが良いのが特徴です。渋みが少なく軽やかな味わいのため、バリエーションティーにもお勧めです。

サバラガムワ

サバラガムワは、低産地茶でサバラガムワ州ラトナプラや、バランゴダといった地区で生産されています。この地域の紅茶はこれまで、「ルフナ」とされていましたが二〇〇〇年代に入り茶葉生産の急激な増加により、スリランカ紅茶局がルフナを二つのエリアに分け「サバラガムワ」が誕生しました。エリアとしては南がルフナで北がサバラガムワです。

ルフナ

ルフナとはシンハラ語で「南」を意味するもので、特定の地名を指すものではありません。スリランカ南部の標高六〇〇メートル以下の低地に広がるゴール、マタラ、デニヤ地区付近を総称しています。茶園は熱帯雨林に点在していて、ゴム園と兼業の小規模茶園が多くみられます。高温多湿な地域なため、茶樹の成長が早く通年収穫することができ、濃厚なコク、糖蜜のような甘い香りはセイロンアッサムとも呼ばれ、中近東で大変人気が高く近年需要は増加傾向にあります。

産地により水色や香りが異なるスリランカの紅茶。

『中国』

中国の茶が西洋に輸出されたのは一七世紀初頭です。最初は緑茶を輸出していましたが、英国の指示により徐々に発酵度が強まった紅茶を作るようになりました。しかし、一九世紀後半から、インド、スリランカの紅茶に押され、減少の一途をたどります。茶の生産に関しては、現在世界一を誇っていますが、紅茶の生産に関しては少量で、その大半を輸出用としています。

主な産地は、安徽省《あんきしょう》や福建省《ふっけん》、雲南省《うんなん》などで、比較的標高が高い地域で作られています。近年は、伝統的手法で作る「工夫紅茶」よりも、近代的機械で作るブロークンタイプの「分級紅茶」や、CTC製法の茶作りが行われています。

雲南紅茶

中国南西部、雲南省の鳳慶《ほうけい》茶区や西双版納《しーさんぱんな》と呼ばれる地区で生産されており、雲南省は略称で滇《てん》と呼ばれることから、滇紅《てんこう》とも呼ばれます。標高一〇〇〇〜二〇〇〇メートルの高地で生産され、雲南大葉種というアッサム系の茶葉から作られゴールデンチップが含まれているのが特徴です。生産時期は三〜一一月頃で、三〜四月の春摘み茶、五〜七月の夏摘み茶、一〇〜一一月の秋摘み茶があります。とくに春摘みのものは良質とされ、アッサムに似た風味が感じられます。オーソドックス製法が主ですが一部CTC製法も行われています。

祁門《キームン》紅茶

世界三大銘茶の一つで安徽《あんき》省西南部の黄山市祁門県にあります。この産地は緑茶の産地でしたが一八七五年頃から、工夫紅茶の製法で製造が開始されました。茶樹は中国種で、収穫時期は主に三〜九月で、クオリティーシーズンは三〜四月頃です。良質なものは、蘭と蜂蜜が混ざったような特有な香味があるため、「中国のブルゴーニュ酒」と評され、英国ヴィクトリア女王の誕生日に贈られた献上茶としても有名です。

正山小種《ラプサンスーチョン》

世界の茶のルーツといわれる、福建《ふっけん》省武夷《ぶい》山周辺で生産されている紅茶で星村小種ともいわれます。標高八〇〇〜一五〇〇メートルほどの場所で作られており、この地域は気温が低く、自然の力で茶葉を萎凋、発酵させるのが難しかったことから松の木を燃料に茶葉を乾燥させています。そのため、独特な燻製香があり西洋では非常に人気で、とくに高品質なものは中国の果実、龍眼《りゅうがん》の香りがします。春茶は四〜五月、秋茶は一〇月頃に生産されます。

灌木の中国種の茶畑。

『ケニア』

東アフリカの赤道直下に位置するケニアは、アフリカを代表する紅茶生産国です。平均気温一九度ほどの冷涼《れいりょう》で湿潤《しつじゅん》な気候で、標高一五〇〇〜二七〇〇メートルほどの場所です。年に二回モンスーンが訪れ、茶の育成に適した気候条件や土壌に恵まれており、紅茶生産の歴史は浅いながら、近年飛躍的な発展を遂げています。一九〇三年、この地に初めてインドから茶の苗木が持ち込まれたとされており、英国資本により一九二四年以降本格的に紅茶栽培がされるようになりました。現在生産される茶葉のほとんどがCTC製法で、大半がティーバッグの原料として使用されています。

アッサム種の茶摘みは1日20 ～ 30キロを摘むこともあります。(The Story of Tea/1954年)

『ウガンダ』

中央アフリカ東部の内陸国で、ヴィクトリア湖を挟み、東はケニア、南はタンザニアなどと接します。国内の平均標高は、一一〇〇メートルで赤道直下とはいえ気候は場所により異なり、南部は雨季が多く、北部では乾季が多いのが特徴です。紅茶の生産は一九一六年頃から始まり、第二次世界大戦以降急速に発展していきます。一九六二年に英国より独立を果たしましたが、内乱による混乱で一時紅茶の生産量が激減してしまいます。しかし一九八〇年代に入り、生産量も回復し、現在はアフリカ第二位の生産量を誇ります。

『マラウイ』

アフリカ大陸南東部に位置する内陸国で、国土の約五分の一は湖や川などの水地です。タンザニア、ザンビア、モザンビークに挟まれた国の標高七〇〇〜一五〇〇メートルの山岳地帯で紅茶の生産がされています。紅茶の生産は一八八六年に始まり、アフリカでは最も古い歴史を持っています。他国産では出せないといわれている濃く鮮やかな紅色の水色が特徴です。ミルクティー向きの紅茶として主にブレンド用、ティーバッグ用として消費されています。

『タンザニア』

中央アフリカ東部に位置し、アフリカ最高峰キリマンジャロのあるタンザニアは、国土の大半がサバンナ気候に属しています。第一次世界大戦前にドイツ人によって茶園経営が始められ、一九二六年に本格的な商業生産となります。独立後の一九六〇年以降からは、政府の援助により、大規模な製茶工場が開設されます。気候条件、土壌ともに紅茶栽培に適した標高一五〇〇～二五〇〇メートルの高地で栽培されており、深刻な病害虫がいないため、ほとんどの茶園では農薬を使用しません。そのためオーガニックティーとしても注目されています。

『インドネシア』

インドネシアは、赤道直下にある大小一七〇〇〇もの島々からなります。主な生産地はジャワ、スマトラの両島で、島西部のバンドン周辺の標高三〇〇～一八〇〇メートルの高原地帯で生産され、ほぼ年間を通して茶生産が行われています。一六九〇年にオランダにより茶栽培が試みられますが失敗に終わります。その後、一八七二年にセイロンからアッサム種が植樹されたことをきっかけに本格的な栽培が開始されていきました。すっきりとした飲みやすい味の紅茶です。

『ネパール』

東西南をインドと、北を中国チベット自治区に接する東西に細長い内陸国です。世界の最高峰エベレストを含むヒマラヤ山岳地帯と山麓で構成されており、紅茶の栽培は東側のヒマラヤ山麓地域で生産されています。茶園は標高九〇〇～二一〇〇メートルの斜面にあり、この地域は国境をダージリンやシッキムと接し、気象条件も酷似しています。茶の栽培が開始されたのは一八六三年、ダージリンから茶樹が持ち込まれ、イラムで茶園が開かれました。その後、一九九〇年頃までには、各産地に工場が併設されるようになりました。

『バングラデシュ』

インドの東に位置しており、国境の大半をインド、南東部の一部をミャンマーと接しています。茶産地は、インド、アッサム州の南側にある標高五〇〇～一〇〇〇メートルの丘陵地帯に広がるシレットとチッタゴン付近にあります。一八三〇年代にアッサムでの紅茶栽培が成功すると、急速に紅茶栽培が広がっていきました。一九四七年、東パキスタンとして分離、一九七一年にバングラデシュとして独立した混乱期も紅茶は重要作物として栽培が続けられました。生産される茶葉は主にＣＴＣ製法で、茶葉の大部分はブレンド用に使用されています。

『マレーシア』

マレー半島中央部、パハン州に位置するキャメロンハイランド周辺が紅茶生産地域です。一八八五年に英国の国土調査官、ウィリアム・キャメロン（生没年不明）が初めてこの地を訪れたことから名付けられました。標高

マレーシアのキャメロンハイランドに広がる広大な茶畑。

一五〇〇メートルほどで、年間気温が二〇度前後と紅茶の栽培に適した環境にあります。英国植民地時代より開拓が進み、一九二九年に初めて茶園が作られて以降、茶畑が広がっていきました。しかし、年間生産量が約二五〇〇トン前後と少ないため、国内での流通がほとんどです。

『台湾』

台湾はもともと、東方美人や包種茶《パオチヤンチャー》といった良質な茶を生産する産地ですが、近年紅茶作りもさかんに行われています。紅茶生産は日本が台湾を統治していた一九一二年に本格的に始まり、一九三〇年以降、急速に発展しました。日本の主導により、インド北西部・アッサム種の茶樹を台湾に移植し、紅茶生産のために育種・品種改良が行われ、紅茶作りの技術が確立しました。

現在、さまざまな茶樹との交配が進み紅茶作りに使用されています。まだ生産量が少なく海外に出回ることは少ないですが、紅茶作りのレベルは高いため海外からの注目を集めています。

『トルコ』

紅茶の生産地はトルコ北東部で、黒海に面したリゼやトラブゾンに集中しています。海岸地域から標高一〇〇〇メートル付近の肥沃な急斜地に茶畑が広がっています。一九三八年から栽培がされていますが、主に自国の消費を賄うために生産されています。もともとトルコではコーヒーがよく飲まれていましたが、第一次世界大戦後のコーヒーの価格高騰に伴い、しだいに紅茶の需要が増えていきました。五～一〇月にかけて生産が行われ、オーソドックス製法が主流です。茶の水色は暗赤色ですが、香味は穏やかで渋みが少ないのが特徴です。

『ジョージア』

黒海沿岸東部にある旧ソビエト連邦構成国の一つ（二〇一四年に国名がグルジアからジョージアと変更）で、世界最北端の茶生産国です。ジョージアの茶の歴史は、一八四八年に中国種を黒海沿岸の植物園に植えたことから始まり、一八八二年以降から小規模な茶園での栽培が試みられるようになりました。

旧ソ連時代に飲まれていた紅茶のほとんどは、ジョージア産の紅茶で、現在でもロシアはジョージアやアゼルバイジャンなどから紅茶を輸入しています。この地域で生産される紅茶は中国種で、生産された茶のほとんどが自国で消費されるため、国外にはごくわずかしか輸出されません。

『アルゼンチン』

アメリカ大陸では最大の茶生産国で、パラグアイ国境のミシオネス州、コリエンテス州で生産されています。この二州だけでアルゼンチンの茶栽培のほぼ全量を栽培しています。アルゼンチンにおける茶栽培は、一九二三年に東欧から持ち込まれた種子を発芽させ、品種改良などの試験を経て一九五〇年代初頭から本格的に商業生産が開始されました。生産量はオーソドックス製法が主体で約八万トン程度ですが、そのほぼ全量が輸出に回されています。茶葉は非常に細かいブロークンタイプで、主な用途はティーバッグやブレンド用とされています。

『オーストラリア』

オーストラリアでは、一八八四年に北東部クイーンズランド州北部のアサートン高原を中心に紅茶栽培が開始されました。しかしサイクロンの影響により、茶畑は荒廃してしまいます。二〇世紀半ばになり紅茶栽培を再開し、現在は少量ながらＣＴＣ茶を生産していますが、オーストラリア国内でのみ流通しているものが多いようです。オーストラリアでは、英国からの移民も多いため、紅茶を飲む文化は根強く残っています。

column

統計

世界各国で生産されている紅茶ですが、その消費国は、生産国以外にも多数あります。ここでは「紅茶生産量」「紅茶消費量」「紅茶輸出量」「紅茶輸入量」「茶の国別一人あたり消費量」を紹介します。

① 紅茶生産量　単位:Tons

	国	3,142,610
1	インド	1,184,420
2	ケニア	432,453
3	スリランカ	336,300
4	中国	273,967
5	トルコ	227,000
6	インドネシア	114,174
7	ベトナム	83,435
8	アルゼンチン	76,902
9	バングラデシュ	65,980
10	ウガンダ	58,295

出典FAO 2013年

② 紅茶消費量　単位:Tons

	国	3,081,266
1	インド	991,770
2	中国	238,518
3	トルコ	228,026
4	ロシア	143,665
5	パキスタン	125,829
6	英国	112,093
7	アメリカ	106,383
8	エジプト	97,304
9	イラン・イスラム共和国	83,000
10	バングラデシュ	61,720

出典FAO 2013年

③ 紅茶輸出量　単位:Tons

	国	1,381,585
1	ケニア	412,958
2	スリランカ	306,300
3	インド	202,760
4	アルゼンチン	72,476
5	ベトナム	62,745
6	インドネシア	59,154
7	ウガンダ	56,696
8	中国	48,189
9	マラウイ	40,500
10	タンザニア	26,169

出典FAO 2013年

④ 紅茶輸入量　単位:Tons

	国	1,832,100
1	ロシア	163,500
2	英国	139,800
3	アメリカ	130,200
4	パキスタン	126,600
5	エジプト	110,100
6	イラン・イスラム共和国	73,100
7	アラブ首長国連邦	72,000
8	アフガニスタン	71,800
9	EU	70,400
10	モロッコ	57,300

出典FAO 2013年

⑤ 茶の国別1人あたりの消費量 (緑茶・烏龍茶含む) 単位:kg/1人

	国	
1	トルコ	3.157
2	アイルランド	2.191
3	英国	1.942
4	ロシア	1.384
5	モロッコ	1.217
6	ニュージーランド	1.192
7	エジプト	1.012
8	ポーランド	1.000
9	日本	0.968
10	サウジアラビア	0.899

出典Euromonitor 2014

2011年　モーリシャス

2011年　モーリシャス

1991年　タンザニア

2011年　モーリシャス

1964年　マラウイ

1935年　スリランカ

1938年　スリランカ

2001年　ケニア

1959年
旧ローデシア・ニヤサランド連邦

1963年　ルワンダ

1965年　インド

1967年　パプアニューギニア

1976年　旧トランスカイ

1951年　グルジア（現・ジョージア）

1963年　ケニア

column

紅茶生産国の誇り「切手」

紅茶は生産国の人びとにとって身近なものであり、生活の糧としても欠かせないものです。

世界で最も小さな芸術品と呼ばれている切手の中にも、生産国の人びとの紅茶に対する愛情、誇りが詰まっています。

1992年　スリランカ

1992年　スリランカ

1992年　スリランカ

1992年　スリランカ

1967年　スリランカ

1967年　スリランカ

1980年　旧ヴェンダ

1967年　スリランカ

1967年　スリランカ

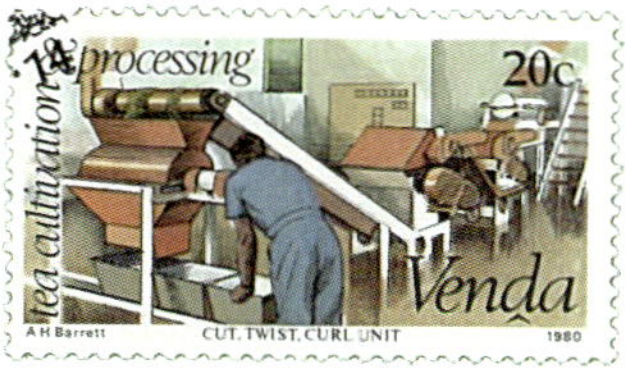

1980年　旧ヴェンダ

1980年　旧ヴェンダ

1980年　旧ヴェンダ

茶産地で出会った笑顔

欧米の植民の歴史から発展した茶産地には現在でも民族・宗教・経済・児童労働などさまざまな問題が残っています。途上国の農園と公正な取引を推奨するフェアトレード、農園の自然環境や従業員の労働環境の改善をめざすレインフォレスト・アライアンス認証など、二一世紀、茶産地を守るための国際的な活動も活発化してきています。生産現場で働く人びとの笑顔を失わないようにする試みは、未来のおいしい紅茶への投資なのです。

column

紅茶生産国の誇り「紙幣」

国の顔となる紙幣にも、紅茶の風景は採用されています。紅茶が各国を代表する農産物で、外貨を得るための大切な輸出品だということも紙幣から感じることができます。小さなお札の中に刻まれた紅茶生産国のこだわりを感じてみてください。

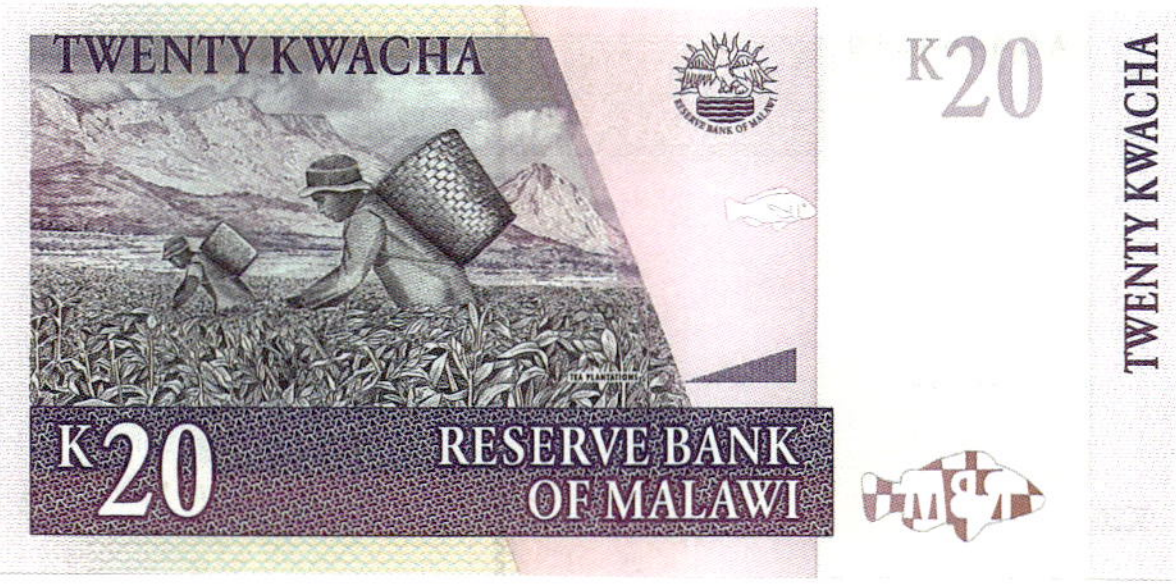

2006年　マラウイ

2004年　ルワンダ

2004年　インドネシア

2001年　スリランカ

CHAPTER
第3章

紅茶の淹れ方の基本

この章では家庭で紅茶をおいしく淹れる基本をお伝えします。必要な道具、淹れ方、アレンジの仕方など……ぜひご自宅でもおいしい紅茶を楽しんでください。

あると便利な道具

紅茶を淹れるためにあると便利な道具を紹介します。

まず必要なのが、紅茶の葉を計量するティースプーンです。微量計を用意し、必要な分量を正確に計量してみるのもお勧めです。次に必要なのが、紅茶の成分を抽出《ちゅうしゅつ》させるためのティーポットです。紅茶は産地により色が異なりますので、こちらは可能でしたらガラスの製品を使用してみるのもいいでしょう。蒸らし時間を計るための砂時計やタイマーも大切です。そして抽出した紅茶を移し替える際に使用するティーポットや茶漉《ちゃこ》しも忘れずに用意しましょう。作業中ティーポットをじかに机に置くと温度が下がりやすいので、マットの上に置くことをお勧めします。

左からサービス用のティーポット、抽出用のガラスのティーポット、計量用のティースプーン、砂時計、茶葉が入った紅茶缶。

基本のストレートティー

紅茶本来の味と香りを楽しめる基本のストレートティーを自宅でもおいしく淹れてみましょう。

❶新鮮な水道水を沸かす

紅茶に適した水は酸素をよく含んだ新鮮な水です。酸素を含んだ水とは流水のことですので、汲みたての水道水が最適です。またお湯を沸かす際にはヤカンにたっぷり水を入れましょう。

❷使用するポットを温める

紅茶の成分を抽出しやすくするために、あらかじめ沸かしたお湯でポットを温めておきます。紅茶の主成分は八〇度以上の高温でないと抽出が弱まってしまうためです。

❸新鮮な茶葉を用意し正確に計る

茶葉は製造年月日や賞味期限を確認して、できるだけ新鮮なものを使用しましょう。開封した茶葉は時間とともに風味が失われてしまうので二か月を目安に使いきりましょう。茶葉の量は一人分三グラムを目安にしてください。大きな茶葉はスプーン大山盛り一杯、小さな茶葉はスプーン中山盛り一杯をすくいましょう。

ガラスのポットで抽出した紅茶をサービス用のポットに丁寧に移します。

❹沸騰したお湯をポットに注ぐ

お湯の量は一人分一七〇ミリリットルを目安にしてみてください。茶葉の抽出に必要な温度は九五～九八度ですから、お湯をしっかりと沸騰させます。沸騰の目安は、ヤカンの底から五円玉ほどの泡が出て、お湯の表面が波打ってきた状態です。酸素をたっぷりと含んだ熱湯を注ぐと、ポット内で茶葉が上下に対流してジャンプしているように見える様子となります。これをジャンピングといいます。

このジャンピングを充分に行うことで茶葉本来の味わいや香りを抽出することができます。

❺ポットに蓋をして蒸らす

風味が飛ばないようにすぐに蓋をして、しっかりと蒸らします。蒸らし時間は、茶葉の大きさによって違うので、パッケージの表示を購入される際に確認しましょう。大きな茶葉は三～五分、小さな茶葉は二～二分半を目安にしましょう。ポットの底に沈んだ茶葉のよりがもどり、しっかりと開いたら蒸らしは完了です。

❻紅茶をカップまたは別のポットに移し、仕上げる

茶漉しで茶葉を漉しながら、カップまたは温めておいたもう一つのポットに注ぎます。最後の一滴は「ゴールデンドロップ」と呼ばれる茶の成分が詰まった一番おいしい部分ですので残さず注ぎきります。その際、無理に出そうとしてポットを振ると、紅茶が渋くなったり、水色が濁ったりするので注意しましょう。抽出用ポット、サービス用のポットと二つのポットを使って淹れると紅茶の濃さを均一に注ぎわけることもできるうえ、茶葉が入っていないので濃くならず、最後まで渋くならずにおいしくいただけます。

column

カップによる紅茶の味の違い

紅茶をいただく時の楽しみの一つにティーカップ選びがあります。カップは目で見た時の美しさが重視されますが、実は形状も紅茶のおいしさの感じ方に大きな影響を及ぼします。

私たちが「甘い、渋い、酸っぱい」など感じる味覚は紅茶液がふれる舌で感じます。舌はどの部分も平均的に味を感じているのではなく、特有の味を感じ取る部位（舌先は甘み、両脇は酸み、舌根は苦み）があります。現在、紅茶用として販売されているカップにはさまざまな形があります。カップの形状により口の中に紅茶液が流れる角度や液体の太さが変わることで、刺激される舌の部位が変わって、味が変化したように感じるのです。

口径が広く背が低いカップは特徴上、飲み物を飲む際にカップを傾ける角度が少なく、紅茶液が太くゆっくりと舌の上を流れるため、渋みを感じる部位がより多く刺激されます。渋みが苦手な方や、渋みが特徴の飲み物をいただくにはあまり適さないといえるでしょう。しかし背が低いカップは、飲み物の色を透明感あふれるものにし、口径が広いことから香り立ちがとても豊かになりますので、飲み物の香りを重視したい時にはお勧めです。

反対に口径が狭く背が高いカップは、飲み物を飲む際にカップを傾ける角度が大きくなり、液体は口の中にすっと流れこみ、渋みを感じる前に喉に流れていきます。切れ味のよい、やや渋めの飲み物はおいしくいただけますが、個性の少ないライトな飲み物はやや物足りなく、水っぽく感じることもあります。

高価なカップだから紅茶をおいしく飲めるわけではありません。しかし、素地の種類により、薄造りに作られているカップは、飲み口が唇にフィットし、舌の手前から液体が口に入るため、液体が舌先を刺激し、上品な甘みが感じられます。

同じ紅茶を形状の異なるカップに同時に注ぎ、香りや味の違いを感じてみてください。

口径が広く、背が低いティーカップ。

口径が狭く、背の高いティーカップ。

column

いろいろなティーカップ

世界中で愛飲される紅茶を飲むために生まれたのが「ティーカップ」です。デザインを重視して選ぶもよし、カップの形状を意識して選ぶもよし……ぜひお気に入りの一客を見つけてみてください。きっと、いつもの紅茶がよりおいしく感じられるでしょう。

日本・ノリタケ

ドイツ・マイセン

ドイツ・フッチェンロイター

イタリア・リチャードジノリ

イタリア・リチャードジノリ

オーストリア・アウガルテン

オーストリア・アウガルテン

ハンガリー・ヘレンド

ハンガリー・ヘレンド

フランス・リモージュ

フランス・アヴィランド

フランス・アヴィランド

デンマーク・ロイヤルコペンハーゲン

英国・ウェッジウッド

英国・ウェッジウッド

英国・スポード

英国・コールポート

英国・コープランド

英国・ウェッジウッド

英国・ロイヤルドルトン

英国・ミントン

英国・ミントン

英国・ロイヤルウースター

英国・スターチャイナ

英国・エインズレイ

英国・ロイヤルアルバート

英国・コウルドン

column
いろいろなティーカップ

英国・シェリー

英国・メルバ

英国・ミントン

英国・ミントン

英国・エインズレイ

英国・パラゴン

英国・スポード

英国・エインズレイ

英国・ダービー

英国・ロイヤルウースター

英国・エインズレイ

英国・スタッフォードシャー

右利き用の
ムスタッシュ（口髭）カップ

左利き用の
ムスタッシュ（口髭）カップ

アイスティーを楽しむ

アイスティーは、基本のストレートティーの応用編です。おいしい紅茶が淹れられるようになったら、ぜひチャレンジしてみてください。

オンザロックス方式

見ためが綺麗で爽やかな喉ごしが魅力のアイスティーを作る時に問題となるのが、水色が濁って見えることです。この現象をクリームダウンと呼びます。これを防いで香り高いアイスティーを淹れてみましょう。オンザロックス方式とは二倍の濃さのホットティーを作り、半量の氷を加えることで元の濃度に戻した紅茶を楽しむ方法です。

❶汲み立ての新鮮な水を沸騰させる

酸素を含んだ新鮮な水をしっかりと沸かしましょう。

❷二倍の濃さのホットティーを作る

一人分三グラムの茶葉に、熱湯八五ミリリットルを注ぎます。

❸茶葉を蒸らす

蒸らし時間は、ストレートティーより三〇秒ほど短くしてください。タンニンの抽出を抑え、クリームダウンを防ぐことができます。大きな茶葉は二分半~四分半、小さな茶葉は一分半~二分を目安にしましょう。

❹氷を入れたポットに紅茶を注ぐ

注いだ熱湯と同量の氷をサービス用のポットに入れ、時間がきたらゴールデンドロップ、最後の一滴をポットの中に残すように引き上げます。サービス用のポットの中の氷をスプーンで混ぜて溶かしたら完成です。冷えすぎず、ほどよい温度のアイスティーが楽しめます。紅茶そのものの味わい、香りを楽しみたい時にお勧めの抽出方法です。甘みをつけたい時には、サービス用のポットに氷は入れず、紅茶が熱いうちに甘みをつけます。その場合、グラスの口元まで氷を詰め、濃く作ったホットティーを上から注ぐことで濃度を戻します。

冷たい飲み物の甘みは感じにくいため、甘みの量は、温かい時より少し甘く感じる程度がお勧めです。砂糖を入れることにより、透明感のある綺麗なアイスティーができあがります。

❺お気に入りのグラスに注ぐ

注ぐグラスによって、アイスティーの風味も変わります。足つきのグラス、口径の広いグラスなどで楽しむと、より香りや風味を感じられることでしょう。

水出し方式

淹れたてのおいしさを味わうオンザロックス方式に対して、あらかじめ用意しておけるのが水出し方式です。温度変化が少ないので、クリームダウンがしにくく、優しい風味に仕上がります。

❶容器に茶葉と水を入れる

ピッチャーなどの保存容器に茶葉を入れ水を注ぎます。水一〇〇ミリリットルに対し茶葉一グラムを目安にしましょう。

❷冷蔵庫に入れる

冷蔵庫に入れて約半日ほどで完成です。

アイスティーの広告にはレモンティーが多く見られます。(Take Tea and　Seeの広告/1951年)

column

アメリカ生まれのアイスティー

アイスティーは、1904年にアメリカのミズーリ州のセントルイス万博で大衆に広まったといわれています。万博に紅茶販売で出店していた英国人の茶商が、真夏の会場で熱い紅茶を試飲販売しようとしたところ、客の反応が悪く、苦肉の策で氷を入れて提供したところ、評判になったそうです。アイスティーは、禁酒法の時代にさらにシェアを伸ばし、ビールに変わる日常飲料の座を射止めました。

コーラよりはヘルシー！　とうたわれていますが、お砂糖もたっぷりのアイスティーがアメリカ流です。

1ガロン（3.78リットル）のペットボトルがスーパーマーケットの店内にズラリと並ぶ姿は壮観です。レモンフレーバーのアイスティーが主流ですが、他にもラズベリー、ライム、マンゴーなどフレーバーの種類も多数あります。ちなみに、このサイズで緑茶ベースのアイスティーも多種類並んでおり、その消費量にはおののきます。

もちろん、カフェでもアイスティーは大人気です。セントルイス万博で同じように商業的なデビューを果たしたといわれているハンバーガーと抱き合わせ商品のように扱われ、オーダーをすると、最初からレモンが紅茶の中に入って提供されます。レモンの生産大国でもあるアメリカらしい飲み方です。

日常的にアイスティーが染みついているアメリカでは、太陽の熱でアイスティーを作る「サンティー」という習慣も発展します。水の中に茶葉を入れて抽出する、水出し紅茶に近い抽出方法なのですが、大きな違いは日が当たる場所に茶葉と水を入れたボトルを置いておくことです。太陽の熱でボトルの中の水を温め、濃厚なアイスティーを抽出する……現在は廃《すた》れてきた習慣のようですが、玄関前に大きなテラスを持つ住宅が多いアメリカならではの楽しみ方ではないでしょうか。

3.78リットルの大きなペットボトルのアイスティー。迫力があります。

水出し用のティーバッグ。アイスティー文化が根強いアメリカならではの商品です。

ティーバッグをおいしく淹れる

ティーバッグの袋の中には、茶葉が入っていますので、ストレートティーの淹れ方が基本となります。手軽に紅茶を楽しめるティーバッグで香り高くおいしい紅茶を淹れてみましょう。

❶器を温めましょう

紅茶の成分を出すため、器（カップまたはポット）をしっかりと温めておきます。

❷器にお湯を注ぐ

ティーバッグ一つには一杯分の茶葉が入っています。一人分のお湯の量は一七〇ミリリットルが目安ですので、マグカップの場合、容量が多いためお湯を注ぎすぎてしまうことがあるので注意しましょう。

❸ティーバッグを入れる

熱湯を注いだ器のなかにティーバッグを静かに入れます。

❹蓋をして蒸らす

香りが逃げないようにすぐに蓋をしてしっかり蒸らしましょう。蒸らし時間は、ティーバッグの中に入っている茶葉の大きさにより異なります。パッケージに表記がありますので、確認しましょう。

❺引き上げる時、最後の一滴まで抽出する

一定の蒸らし時間がきたら静かに引き上げます。ティーバッグを振ったり、スプーンなどで押して絞ったりすると、渋みや苦みが出てしまうので注意しましょう。

column

いろいろなティーバッグ

ティーバッグはさまざまな素材、形で製造されています。誕生当時はガーゼ素材が多く用いられていましたが、現在では珍しくなりました。欧米で主流に使われているのは、紙素材です。低価格ですが、紙の品質によっては匂いと味が問題になり、軟水の水質を持つ国では、質のよいものを選ぶ必要性があります。

不織布は、抽出性に優れ、粉もれしにくいので日本でも人気です。最近日本で注目を集めているリーフティー用に考案されたテトラ型のティーバッグは、主にナイロン素材ですが高温で淹れる際、わずかに出るプラスチック臭が課題になっています。そのため近年では植物のでんぷんを繊維化して織りあげられたソイロンの利用も始まっています。ソイロンは匂いがないことや、ゴミ処理時に有毒ガスなど発生せず、環境問題をクリアしている点も評価されていますが、まだ高価です。

世界にはさまざまな形のティーバッグがあります。同じブランドでも、各国の嗜好や水質を考慮し、材質や形を変えて販売していることもあります。

column

蒸らさないティーバッグ

近年増えてきているのが、変わり種「蒸らさないタイプのティーバッグ」です。スティックタイプ、金物製のもの。さまざまな種類が雑貨店、そして紅茶専門店でも販売されています。見た目はとても面白く話題性もあるのですが、扱いには少しだけ注意が必要です。

紅茶は蓋をして茶葉を蒸らすことにより、成分を抽出する飲み物ですので、このようなスタイルのティーバッグでは、紅茶本来の風味がきちんと引き出せないこともあります。そのため、中に詰める茶葉で工夫をしていく必要があります。お勧めなのが、CTC製法の茶葉です。CTC製法の茶葉は、お湯を注ぐと短時間で抽出し、茶葉が水分を含んでも少し膨らむ程度ですので、狭い空間でも比較的風味を演出することができます。スティック状の茶葉の中身もちろんCTC製法の茶葉でした。自分自身で茶葉を詰めるタイプの場合も気をつけてみてください。

ハンガリーのカフェで提供されたスティックタイプのティーバッグ。手前は紅茶ベースのアールグレイティー、奥は緑茶です。

ドイツのティールームで出会った可愛らしい猿。
実はこの猿は金物製のティーバッグなのです。

猿の胴体部に穴が開けられていて紅茶のエキスが抽出されるようになっています。

英国・ミントン

デンマーク・ビング＆グレンダール

英国・エインズレイ

英国・ロイヤルドルトン

英国・ウェッジウッド

英国・ミントン

オーストリア・アウガルテン

英国・ロイヤルアルバート

column

いろいろなティーポット

昨今はティーバッグを直接マグカップに入れて、紅茶を抽出するスタイルが増え、製造量が減っているといわれているティーポット。一つのティーポットから紅茶をみんなで分け合う楽しさを、ぜひ継承してください。

英国・スポード

英国・ロイヤルウースター

英国・ロイヤルウースター

英国・ロイヤルアルバート

ハンガリー・ヘレンド

オーストリア・アウガルテン

ハンガリー・ヘレンド

おいしいミルクティーを楽しむ

世界各国で、どのようにしてミルクティーが楽しまれているのか、ご存じですか？

英国

英国人のミルクティー好きは世界でも知られています。現在英国で楽しまれる紅茶は九五％がミルクティーとして飲まれています。

二〇〇三年に英国王立化学協会が発表した「一杯の完璧な紅茶の淹れ方」は日本でも話題になりました。それによると、おいしい紅茶を淹れるには「缶入りのアッサム産の茶葉、軟水、新鮮な冷たい牛乳、白砂糖」の材料が必要だそうなのですが、その中でも「牛乳」が味の決め手になるとされました。

焦点は牛乳の入れ方です。まず牛乳をカップに注ぎ、次に紅茶を注ぎ、豊かでおいしそうな色合いの完成をめざす、との指示があります。英国では昔から、上流階級は紅茶の色を楽しんでから牛乳を入れる習慣がありました。反対に労働者階級は、粗末な器を紅茶の熱湯で傷つけないように、牛乳を先に入れ、紅茶をあとから注ぐという習慣を持っているといわれてきました。前者は「MIA（ミルクインアフター）」、後者は「MIF（ミルクインファースト）」と呼ばれました。英国王立化学協会の発表は、「MIF」を推奨したのです。

さらに王立化学協会は「新鮮で冷たい牛乳」として、ヴィクトリア朝後期に商品化された「低温殺菌牛乳」を勧めています。低温殺菌牛乳は英国内で出回っている牛乳の八割を占める牛乳です。低温殺菌牛乳は生乳の沸点を超さない七五度以下の温度で殺菌されている牛乳をさします。低温で殺菌することで、搾りたての生乳に近い風味が楽しめる牛乳です。王立化学協会は、牛乳を先に注ぐことで、あとから熱い紅茶が注がれても、カップ内のミルクティーの温度が、牛乳の沸点七五度を超さないように考慮が必要と述べています。日本では低温殺菌牛乳の普及率が牛乳全体の一割ほどと低いため、この発表は日本の紅茶愛飲家の牛乳選びにも影響を与えました。ちなみにミルクティーは英国では「Tea with milk」といいます。

英国が紅茶栽培を推し進めたインド、スリランカにも独自のミルクティー文化がありますが、それは第5章「世界のティータイム」で紹介することにして、まずは、他の国で現在どのようにしてミルクティーが楽しまれているのか、いくつかご紹介していきましょう。

オランダ

オランダでは、一六五五年にオランダ東インド会社の大使が広東で中国皇帝の晩餐会《ばんさんかい》に招かれ、そこで出されたお茶の中に温めた牛乳と塩を入れて飲んだという記録が伝えられています。現在は紅茶の消費量そのものが低下しているオランダではミルクティーは滅多に見られません。喫茶店などで紅茶に合わせられる牛乳は高温殺菌牛乳が主流です。

ルーマニア

ルーマニアで日常楽しまれているミルクティーは紅茶に牛乳だけでなくブランデーが入るのが特徴です。プラムのブランデー「ツイ

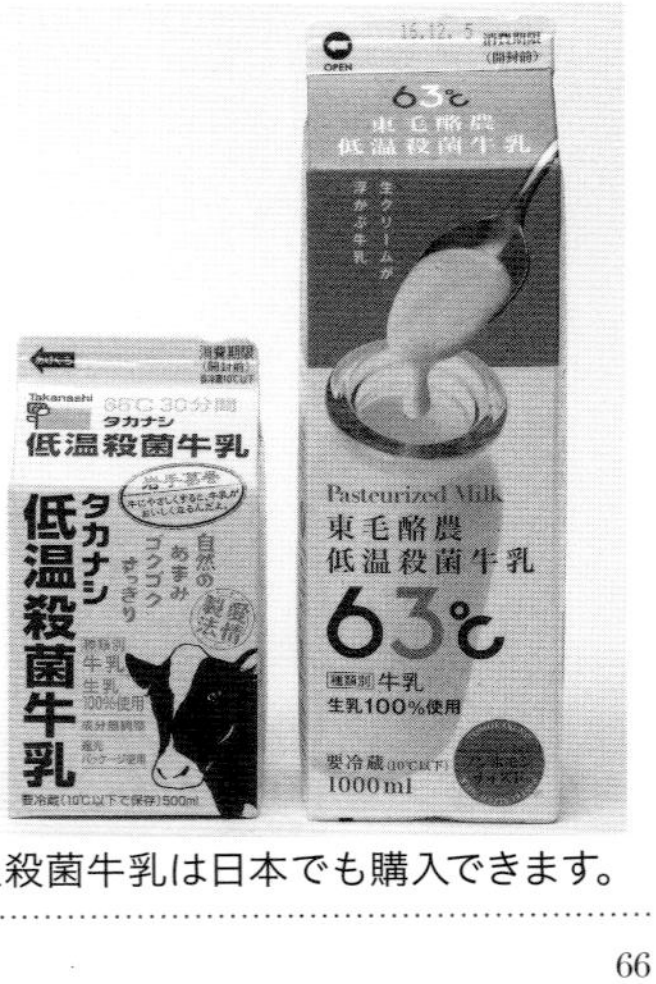

低温殺菌牛乳は日本でも購入できます。

カ」、洋梨のブランデー「ウイリアミーネ」もミルクティーによく合うと好まれています。牛乳は高温殺菌を使います。

中国

阿片戦争後、多くの英国人が赴任した中国では、英国人によりミルクティーを飲む習慣が持ち込まれました。しかし、もともと牛乳を飲む習慣のない中国には牧場が少なく、新鮮な牛乳を得ることが困難でした。このため、一八五六年に製品化されたコンデンスミルク（加糖練乳）や、一八八五年に製品化されたエバミルク（無糖練乳）が、保存性がある缶詰の形で代用され、新鮮な牛乳を用いるミルクティーよりも一般的となりました。

台湾

台湾も中国と同様、牛乳になじみのない国です。そのため、ミルクティーの文化も近年始まったものです。香港から来たエバミルク入りのタピオカミルクティーは根強く人気です。日本が技術を伝えた高温殺菌牛乳が幅を占めています。台湾の中にも低温殺菌牛乳を生産している農家も増えていますが、取扱店もまだ少ないのが現状です。

ユーゴスラビア

ユーゴスラビアではナッツミルクティーが人気です。特産品のくるみと茶葉で、煮出し式のミルクティーにします。仕上げには、生クリームと軽く炒ったくるみを飾る栄養価の高いミルクティーとして現地の人に愛されています。

アメリカ

アイスティーで知られるアメリカもミルクティーの消費が少ない国です。国土が広いアメリカでは高温殺菌牛乳が主流です。一部東海岸地域の田舎に関しては英国の影響が強く、いまだに英国式の低温殺菌牛乳を使用したミルクティーが楽しまれているようです。

台湾で人気のタピオカ入りミルクティー。観光客にも人気です。

日本

日本には文明開化とともに英国の紅茶文化が紹介され、上流階級者好みのハイカラ文化として、ミルクティーが定着しました。明治の作家、『金色夜《こんじきや》叉《しゃ》』で知られる尾《お》崎《ざき》紅葉《こうよう》（一八六七〜一九〇三）は貴重な紅茶を「紅茶ミルク」にして飲んでいたと日記に書いています。その日記の中で紅葉は「紅茶ミルクとは、二合の牛乳に、紅茶と砂糖を加えたもの」と書いているので、牛乳で煮出したミルクティーやインド風のチャイに近い、濃厚で甘い紅茶だったと思われます。

現在日本では高温殺菌牛乳がシェアの大半を占めています。また喫茶店などで提供されるコーヒーフレッシュを使用したミルクティーは日本独自の文化です。

シンガポール

シンガポールでは、牛乳は輸入品です。多国籍国家のため、アジアからの輸入、オーストラリアからの輸入など、輸入国もさまざまあります。アジア産は高温殺菌牛乳ですが、オーストラリアからの輸入品は低温殺菌牛乳が主流です。

フレーバードティー

今から九〇〇年以上前の中国で、詩人などが風流の一つとして茶に花の香りを着けたことが中国版元祖フレーバードティーといわれています。茶葉に花を混ぜて香りを移したり、木を燃やした煙で香りを着けたりしたものが西洋の人びとに人気となり広がりました。現在では茶葉に乾燥させた花や果実、スパイス等をミックスして見た目を華やかにしたものや香料を着けたフレーバードティーもあり、さまざまな香りの紅茶が楽しまれています。

西洋やアメリカでは、非日常を楽しんだり、気分をリラックスさせたりしてくれるフレーバードティーは人気があり、とくにドイツやフランス、スウェーデン等は消費量も多く、種類も豊富です。最近では紅茶だけではなく緑茶にピーチやマンゴー等の甘い香りを着けた茶葉も専門店に並んでいます。日本でも見た目の華やかさや香り、雰囲気を楽しむ演出としてフレーバードティーは人気があります。

そんなフレーバードティーの代表ともいえるアールグレイティーは、一九世紀の英国首相チャールズ・グレイ伯爵（一七六四〜一八四五）が中国土産として献上された茶「正山小種《ラプサンスーチョン》」をとても気に入り、英国で作らせたのが始まりといわれています。アールは英語で伯爵を意味し、グレイは彼の名前です。しかし残念ながら、中国の龍眼という果物に似た香りを持つ正山小種特有の香りの再現ができず、代用の香りとして当時の高級食材であったミカン科のベルガモットの果皮を中国産の茶葉にブレンドし、香りを吸着させる新たなブレンドティーが発案されました。二〇世紀に入り、オイルでの着香が可能になると、ベルガモットの精油を用いた現在のアールグレイティーが誕生しました。

香りが特徴のフレーバードティーはさまざまな楽しみ方があります。アップルティーとアップルパイといった同じ香り同士のフードとのペアリングを楽しんでみたり、花見をテーマにした茶会に、桜の香りの茶葉を選んで季節感を演出したりするのもいいでしょう。甘い菓子の代わりに、甘い香りのフレーバードティーに少しだけ甘みをつけると満足感があり、ダイエットにも効果がありそうです。

フレーバードティーを淹れる際には、オイルの香りがティーポットのプラスティック部分などに付着してしまう可能性が高いため、ノンフレーバーの紅茶を淹れるものとは、別のティーポットを使うことをお勧めします。同じ理由から、一度フレーバードティーを保管した茶缶に、別の紅茶を保管する際には、缶に香りが残っていないかどうかを確認してみる必要があります。

天然のベルガモット。近年日本でも生産農家が増えています。

ベルガモットをスライスして紅茶に浮かべると、香り高いアールグレイティーが楽しめます。

column

アールグレイの生家を訪ねる

世界的に有名なフレーバードティーの名付け親になったチャールズ・グレイの生家であり、彼が生涯愛したカントリーハウスが、ハウイック・ホール・ハウスです。館は残念ながら非公開ですが、広い庭園とグレイ家が代々継承している教会が開放されています。

自然豊かなハウイックの敷地内。館のすぐ近くには小川が流れており、水もとても澄んでいます。都会暮らしが苦手だったグレイ伯爵はこの邸宅でプライベートな時間を過ごし、子どもたちも寄宿学校には入れずこの土地で育てました。有名なアールグレイのブレンドはハウイックの井戸水の水質に合わせてブレンドされたといわれています。夫人のレディ・グレイはロンドンから来る客人を、このとっておきのブレンドティーでもてなしていたそうです。

ハウイックの敷地内には伯爵家のボールルームを改装して作った「アールグレイティーハウス」があります。室内にはもちろんグレイ伯爵の肖像画があります。このティールームを訪れたならば、もちろんオーダーする紅茶はアールグレイしかないでしょう。アールグレイ、そしてハウイックハウス・ブレンドをオーダーしたところ、ハウイックハウス・ブレンドは、中国の正山小種がベースでした。グレイ伯爵の生きた時代を回顧させるブレンドティーです。アールグレイは現代流のフレーバードティーでしたが、英国ではまず添えられることのないレモンが同時にサービスされました。このような演出も、グレイ伯爵の生家ならではのこだわりでしょう。

グレイ伯爵が愛したハウイック・ホール。

アールグレイティーハウスは、2004年にオープンしました。

第2代チャールズ・グレイ伯爵。
(1844年版)

column

シングル・オリジンティー

「シングル・オリジン」とは同一の産地、品種を使うことを意味します。生産地や生産者がはっきりわかり、ブレンドや着香等の加工を行っていない、茶葉本来の個性を味わうことができる紅茶を「シングル・オリジンティー」と定義します。ワインやコーヒー、チョコレート、カカオの世界では紅茶より早く、シングル・オリジンが注目、認知されていました。それぞれの産地や品種の特徴をそのまま生かして楽しむシングル・オリジン。どのような動きが紅茶業界で始まっているのでしょうか。

シングル・オリジンティーの1つであり、世界的に有名な紅茶の産地インドのダージリンティーは2016年10月から欧州連合（EU）の地理的表示保護（PGI）の認定を受けています。地理的表示とは、ある商品の品質や評価が、その地理的原産地に由来する場合に、その商品の原産地を特定する表示で、条約や法令により知的財産権の1つとして保護されるものです。たとえばシャンパーニュ地方で作られたワインのみが「シャンパン」と名乗れるように、地域特産品を守るための制度です。これにより欧州連合内ではダージリンティーの価格が高騰し始めています。これまではダージリン近隣産地の茶葉を混ぜていても「ダージリンティー」と表記されていましたので、今後市場に出回るダージリンはかなり少なくなると予想されています。地理的表示保護の協定を締結していないアメリカや中国、日本などの動きも気になるところです。

シングル・オリジンティーの保護が始まっている昨今、日本でもシングル・オリジンティーを紹介、楽しむ「シングル・オリジンティーフェスティバル」という催しが始まりました。世界中の茶園から厳選されたシングル・オリジンティーの飲み比べや販売、生産者とのふれあいをテーマにしたイベントです。この動きは国産紅茶の分野でも始まっており、現在日本各地では、「地紅茶サミット」を筆頭に、国産紅茶の生産者と消費者側のふれあいのイベントがさかんに開催されるようになっています。

アッサム種の葉をハサミで茶摘みしている姿。

英国でも近年シングル・オリジンティーへの注目が高まっています。フォートナム＆メイソンの店内にて。

紅茶ブランドストーリー

世界には数多くの紅茶ブランドがあります。それぞれの会社には独自のコンセプトがあり、創業からの歴史があります。ブランドストーリーを知ることは、その会社のブレンドティーの魅力を理解することにもつながるのではないでしょうか。

トワイニング社のノベリティーグッズのミニカーは人気商品でした。左は275周年の際の記念の紅茶缶です。

トワイニング

一七〇六年に創業した世界で最も古い茶の小売店トワイニングは、中産階級を対象としたコーヒーハウスより事業をスタートさせました。一七一七年、茶葉を小売りする「ゴールデンライオン」を開設したことにより話題を呼びます。

中国人モチーフの人形と黄金のライオンの店構えは、同社が中国商品を扱っている宣伝になり、道を行く人の足を止めました。一九世紀初頭にトワイニングがブレンドしたとされるアールグレイは、フレーバードティーを飲む習慣があまりない英国でも認知度が高い紅茶です。一八三七年に、王室御用達《おうしつごようたし》を受けてから、現在まで継続して王室に紅茶を納めています。二〇世紀に入りすぐにブレンドされたイングリッシュブレックファストは、英国人の朝食のお供として定着しており、同社の看板商品になっています。

フォートナム＆メイソン

一七〇七年、王室で下僕として働いていたウィリアム・フォートナム（生没年不明）と、地主であったヒュー・メイソン（生没年不明）の二人が開設した高級食料品店フォートナム＆メイソンでは、一七二〇年頃から茶葉の販売を始め上流階級者をターゲットに口コミにより成長しました。

同社のハンパーと呼ばれるバスケットでの宅配は、一般市民の憧れとなり、「Ｆ＆Ｍ」のロゴが入るハンパーを見た人は「あの中にはどんなにおいしい食品が入っているのだろう」と想像を膨らませたといいます。戦時中もハンパーは上級将校の許に戦地まで宅配しましたが、Ｆ＆Ｍの文字を見ると略奪される恐れがあるため、簡素な箱にわざわざ入れ

フォートナム＆メイソンのシンボルにもなっている時計。

替えられ運ばれたそうです。
一九六四年には紅茶缶のマークともなっているからくり時計が設置されました。芸術的要素の高いウィンドウ・ディスプレイは、街の景観に貢献しています。同社の最も有名なブレンドティー「クィーン・アン」は、創業時の女王の名前を付けたブレンドです。他に、「ロイヤルブレンド」「ロシアンキャラバン」なども人気商品となっています。最近では量り売りのプレミアムティーも人気です。

ハロッズ

ハロッズは一八三四年に創業しました。創業時のハロッズは、百貨店ではなく、茶の小売販売を中心とした食料品店でした。現在の店舗があるナイツブリッジに移転したのは一八四九年です。ハロッズの経営が拡大したのは二代目の時代です。彼は一八六一年に経営権を握ると、店周囲の敷地を買収して大店舗を構えていきますが、一八八三年に不幸な火災で建物を失ってしまいます。

しかし、ピンチこそチャンスと、迅速な後処理で逆に顧客の信用を集めることに成功します。その後オープンさせた新店舗が、高級百貨店となった現在のハロッズの原型です。食料品を扱うフードホールの内装のタイル装飾は見事です。ハロッズの繁栄は英国の経済発展の象徴ともいわれ、ロンドン最大の百貨店として認められるようになりました。

紅茶は常時一五〇種類を超える品揃えです。創業以来の人気ナンバーワンブレンド「NO.14」のネーミングは、ハロッズに初めて停車した路線バスの番号に由来しています。日本では「NO.18」のジョージアン・ブレンドも人気商品です。

ハロッズのイルミネーションは街の風物詩にもなっています。

マリアージュフレール

一八五四年マリアージュ家の兄弟により、茶の卸売り会社として創業しました。小売り販売を始めたのは一九八〇年代です。黒とイエローベージュの茶缶は、小売りを記念して制作されました。

小売販売のテーマは「ワインを売るように紅茶を売ろう」というもので、世界各国から希少でまだ知られていない産地の茶をフランスに広めようと尽力しました。

マリアージュフレールは、「芸術紅茶」の名のとおり、茶道具、インテリアも合わせて独特の世界観を提案しています。日本茶フェ

ハロッズで初めてブレンドされた「アーカイブ・ファースト・ブレンド」の復刻版の紅茶缶です。

マリアージュフレールのロゴは、看板やオリジナルのティーカップにもデザインされています。

アの際には日本の器を積極的に取り入れ、欧州への鉄瓶の人気の火付け役になりました。茶葉を使った料理やスイーツの提供や販売、フードと紅茶のペアリングを推奨したのも同社の功績です。茶の香りのするキャンドルやお香など、斬新な新商品への取り組みは、紅茶業界にいつも驚きを与えています。

取り扱いの茶は数百に上りますが、卸売りの頃から販売されていた「一八五四」は今でも人気ブレンドです。またテーマを持ってブレンドされたフレーバードティー「エスプリドノエル」や「マルコポーロ」「トロピカル」「ボレロ」などは、リピーターの多い商品となっています。

クスミティー

農夫の息子として生まれたパヴェル・ミハイロヴィッチ・クスミチョフ（一八四〇～一九〇八）は、一四歳の時にサンクトペテルブルクの紅茶店の配達の職につきます。読み書きもできないこの少年に特別な才能を見出した店主は、茶のブレンド技術や、取引方法を教えていきます。

一八六七年、パヴェルの結婚祝いに店主は小さな店「クスミチョフ」を譲渡します。店は順調に売上を伸ばし、一九〇一年にはロマノフ王家御用達となりました。息子が跡を継いだ時には海外での販路拡大により、国内での人気も増し、店舗も五〇を超え、不動の地位を築きます。

しかし一九一七年のロシア革命を機にパリへ亡命。本社をパリに移します。これ以降、社名を「クスミティー」に変更します。ところが第二次世界大戦頃から景気が悪くなり、一九四六年に三代目が継承した頃には、事業も暗礁に乗り上げてしまいます。一九七二年

カラフルな紅茶缶が並ぶクスミティーの売り場は人々を魅了します。

に事業はクスミ家の手を離れました。
現在クスミティーは、創業の歴史にこだわり「サンクトペテルブルク」「アナスタシア」「サモワール」「トロイカ」などロシアにちなんだブレンドティーを販売しています。

ニナス

ニナスはフランス南東部のマルセイユの香料会社「ラ・ディスティルリー・フレール」が前身になっている会社です。この会社はフランスで初めてのラベンダーエッセンシャルオイルの抽出に成功したことで名を馳せます。そのエッセンシャルオイルはヴェルサイユ宮殿にも献上され王族からも愛されたそうです。同社のフレグランスの技術は、一九〇〇年に紅茶に薔薇の香りをフレーバリングすることにも応用され、話題を呼びました。

ニナスティーは一九六五年、ラ・ディスティルリー・フレールの蒸留所を買収した会社によりスタートします。ニナスのこだわりは、香料すべてを天然のアロマや花びら、フルーツからとっていること。そしてフレーバリングはすべてフランス国内の工場で行っていることです。

人気のローズフレーバーの紅茶は、ローズエキス一キログラムに対して薔薇の花びらを一トンも使用しているそうです。一番人気のフレーバードティー「マリー・アントワネット」は、ヴェルサイユ宮殿の菜園から、手摘みされた新鮮なリンゴと薔薇を使用して作られています。この紅茶はヴェルサイユ宮殿内でも販売されています。

リプトン

リプトン紅茶会社は、労働者階級の若者が一代で築いた紅茶会社です。アメリカで商売の基礎を学び、英国に帰国後、父の営む小さな食料雑貨店の手伝いについたトーマス・リプトン（一八五〇〜一九三一）は、故郷のスコットランドで、アメリカで培ってきた能力を次々と披露していきます。そして一八七一年独立をしました。

彼の口癖は「宣伝のチャンスは決して逃すな、ただし、その商品の品質が優れていることこそがその条件である」、そして「ビジョ

ニナスの紅茶は女性に大人気です。

茶園から直接ティーポットへ、19世紀末に産地直送を目指したリプトンの企業理念は世界中に影響を与えました。（1894年版）

ン・決断・行動・チャンスは逃さない」でした。

一八九〇年から取り扱いを始めた紅茶の事業を拡大するため、翌年彼はセイロン島に出向き、自らが茶園主となりました。一八九二年に発表された「茶園からティーポットへ」の広告はリプトン社の代表的なスローガンになりました。「世界のティーポットをリプトンが満たす」地球儀をモチーフに描かれた広告も人びとをあっと言わせました。一九〇六年、リプトン紅茶は日本にも輸入され、黄色缶、青缶とともに日本の喫茶文化の始まりを支えました。

リプトンは創設者であるトーマス・リプトンが一人で大きくした会社でもありましたので、社のイメージ＝リプトンのイメージでもありました。チャリティ活動への積極的な貢献が評価され、王室からサーの称号をもらった際には、広告にサー・トーマス・リプトンの名前を使い、会社の売り上げを伸ばしました。貧しい労働者階級の家に生まれたトーマスのサクセスストーリーは英国の多くの人びとに夢を見させたことでしょう。

残念ながらトーマス亡きあと、会社はアメリカの企業に買収されましたが、世界中のティーポットをリプトンが満たす……この夢は今も引き継がれています。

その他の紅茶ブランド

フランス

グルメ大国のフランスには、品質の良い紅茶を扱うブランドが数多くあることでも知られています。一八五四年に創業した赤い紅茶缶が特徴の〈エディアール〉は、エキゾチックなフルーツや香辛料を使った独自のブレンドティーが評価され、フランスの一流品店だけで構成される「コルベール委員会」に食料品として唯一選出されています。

美しい赤い缶は、エディアールのブランドイメージそのものです。

紅茶缶に描かれた二匹の猫が目印の〈ジャンナッツ〉は、一八七二年創業です。茶葉やフルーツ、スパイスなどの原材料を生産者から直接仕入れることにこだわりを持った紅茶を提供しています。

フレーバードティーが人気の〈フォション〉は、香辛料を扱う食料品店として一八八六年に創業。美食文化の発信基地として世界中に香り豊かな紅茶を提供し続けています。

一九一九年に創業した〈ベッジュマン＆バートン〉は、パリの本店では大きな銀色の缶を手に取り、気になる紅茶の香りを一つずつ試すことができます。その品質が認められてフランスのグルメ誌『Le Guide des Gourmands』の紅茶部門で金賞を受賞しました。

スリランカ

紅茶生産国のスリランカにも個性的な紅茶ブランドがあります。一九八三年に創業した〈ムレスナ〉は、スリランカの茶葉の中から厳選された最高品質の茶葉、香りの豊かさを追求するために若芽に限りなく近い部分のみを使用したブレンドティーを提供しています。

ロシアの専属デザイナーを起用し個性的なパッケージで顧客を虜にしている〈バシラーティー〉は二〇〇八年創業です。自然豊かなスリランカで栽培された茶葉を一〇〇％使用して、茶葉は茶摘みから一か月以内というスピードで製品化しています。

世界中に支店を増やしているムレスナ。写真はロシアのモスクワ、ドモジェドボ空港内の支店です。

アメリカ

一九八三年に創業した〈ハーニー＆サンズ〉はニューヨークの人気紅茶ブランドです。有名ホテルのスイートルームには欠かせない紅茶として認知されています。紅茶界のオスカーともいわれる英国ロンドンのアフタヌーンティー賞も受賞しています。

英国

英国ももちろん紅茶ブランドが多い国です。

東インド会社のプロデュースする「ボストンティーパーティー事件」をテーマにしたブレンドティーです。

ロンドンのコヴェント・ガーデンのウィタードの店舗に併設されたティールームです。

一八六九年に創業した〈ウィリアムソン〉は、インドやケニア、タンザニアに茶園を持ち、製造から販売までを一貫管理、フェアトレードの取り組みにも積極的です。

一八八六年に創業した〈ウィタード〉は、現在英国に一三〇店舗を誇る人気ブランドです。限定紅茶缶のデザインや、オリジナルの茶器は人びとを釘づけにしています。約一〇〇アイテムもの幅広い商品展開も魅力です。

一九八四年に創業した〈クリッパー〉はフェアトレードやオーガニックの紅茶にいち早く注目したブランドで、高品質な紅茶に非常に注目が集まっています。

イギリス東インド会社の商標、紋章を引き継ぎ一九八七年に創業した〈東インド会社〉は男性にも人気の紅茶ブランドです。モダンで落ち着いた店内ディスプレイは、ビジネス街の雰囲気にもぴったりです。

オーストリア

オーストリアの老舗ブランド、〈デンメアティーハウス〉は一九八一年にウィーンに創業しました。伝統的なブラックティー、フレーバードティーの分野で名声を広めてきました。多くの一流ホテル、紅茶専門店、高級食品デパートで愛用されています。

ドイツ

紅茶大国ドイツに一八二三年に創業した〈ロンネフェルト〉は、卓越したブレンド技術で世界のセレブたちを魅了し、七つ星ホテルに使用されるなど国際的にも高い評価をされています。

産地別、茶園別の紅茶にも力を入れているロンネフェルトの紅茶です。

デンメアの紅茶売り場にはハプスブルク家にちなんだ人気のブレンドティーもあります。

紅茶の成分と効用

紅茶は、日々の暮らしのなかで癒しや楽しみを与えてくれるものですが、体に嬉しいさまざまな成分が含まれたヘルシーな飲み物としても注目されています。紅茶の茶葉にはカテキン（タンニン）、カフェイン、テアニン、ビタミン、糖、食物繊維、ミネラルなどが含まれており、多様な薬理効果があることがわかっています。西洋に茶が「東洋の神秘薬」として紹介された当初は、根拠のない薬効の宣伝文句がたくさん並べられていましたが、現在では化学的に証明がされています。代表的な成分を紹介していきましょう。

カテキン

カテキンは、ポリフェノールの一種で、緑茶の渋みの主成分です。カテキンの語源は、インド産のアカシア・カテキュー（マメ科アカシア属の低木）の樹液から採れる「カテキュー」に由来しています。茶葉の酸化発酵により、カテキンは化学反応を起こし、タンニンの性質を示すようになります。紅茶のタンニンの八五％はカテキン類の構造を持つため、「カテキン」＝「タンニン」と解釈される場合も多いです。タンニンはもともと「革を鞣《なめ》す」という意味の英語である「tan」に由来し、皮を鞣す作用のある植物成分に与えられた名称で、タンニンの定義に合致するような化学構造上の分類名はありません。ですが、食品や紅茶に使う時は一般的に苦み渋みをもつ成分として使われています。渋み成分以外にも茶のコク、水色、香りに大きな影響を与える重要な成分です。

カテキンは非常に変化しやすく、まわりにあるたんぱく質や糖類など種々の物質と結合しやすいため、酸化重合物であるテアフラビン、テアルビジンといった色の成分になります。すると、本来は無色のカテキンが、オレンジや赤色となるため、紅茶の水色は赤みを帯びたものとなるのです。

カテキンは、抗酸化作用がきわめて強く、血中コレステロール値を下げる、老化防止、抗ガン作用などの働きがあります。また抗菌作用もあり、風邪予防、食中毒予防、虫歯予防などにも有効です。

カフェイン

カフェインはコーヒーや紅茶に含まれており、紅茶の苦みや深みを感じさせる成分です。実は紅茶の葉にはコーヒーの約二～三倍のカフェインが含まれているのです。ただし、抽出されたカップ一杯に含まれる量になるとその数値は逆転します。紅茶二八～四四ミリグラムであるのに対して、コーヒーは六〇～一八〇ミリグラムとなり、コーヒーのほうが二～四倍のカフェインを含有していることになります。さらに紅茶の場合はカテキン類やアミノ酸と結びつき、カフェインが穏やかに作用しますから、コーヒーと比べて胃への刺激も和らぐことがわかっています。

カフェインの覚醒作用により眠気を防いで

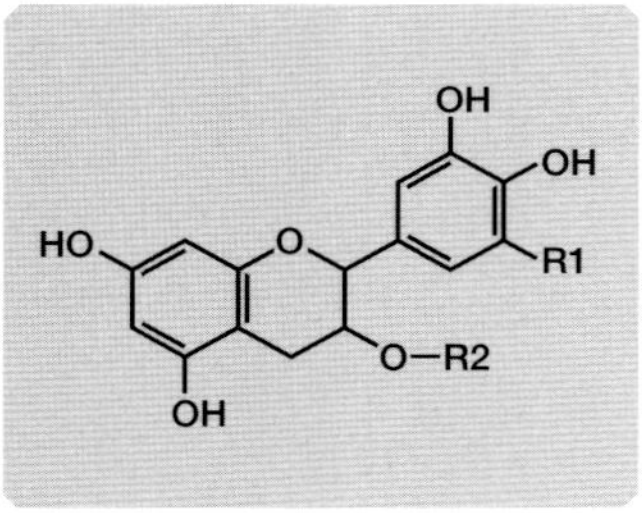

茶カテキンの構造

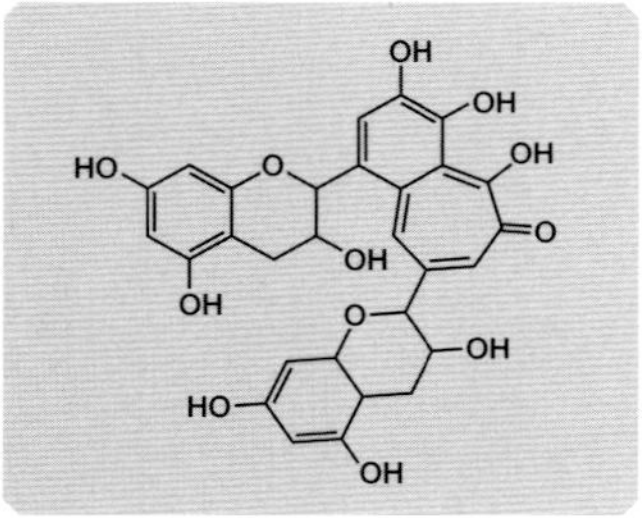

テアフラビン

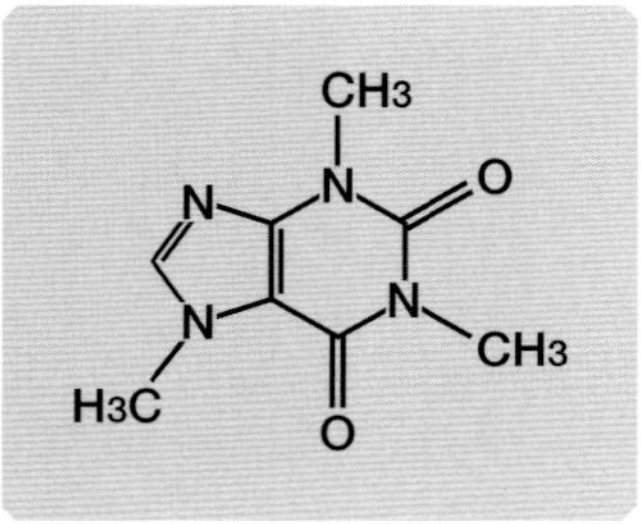

カフェイン

知的作業能力を向上させたり、運動能力を向上させたりする効果があります。利尿作用も、水分代謝を上げるのにとても役立つ効果です。また肝臓の働きをよくする作用も持っています。肝臓がきちんと働くと、疲労が取れ、二日酔いの防止にもなります。そしてカフェインを摂取して適度な運動を行うと、筋肉中でブドウ糖よりも先に、脂肪をエネルギー源として利用する現象がみられます。そのため、持久力の向上に役立つとされ、スポーツ選手のスペシャルドリンクとしても注目されています。

カフェインは温度が高いほどその溶出量が増えるので、熱湯を使用する紅茶はカフェインの持つ効用を最大限に発揮できるといえます。

テアニン

テアニンは、紅茶の旨《うま》み、甘みを醸し出すアミノ酸の一種です。紅茶に含まれるアミノ酸の約半分を占め、カフェインの作用を抑制する働きを持ちます。そのため紅茶の興奮作用は穏やかであるとされます。テアニンは簡単な化学構造式なので、日光が当たると茶葉の中で化学変化を起こして少なくなってしまったり、カテキンや他の物質になってしまいます。そのため旨み成分を大切にする玉露《ぎょくろ》などは茶葉に覆いをして日光に当てないように育てる必要があるとされています。

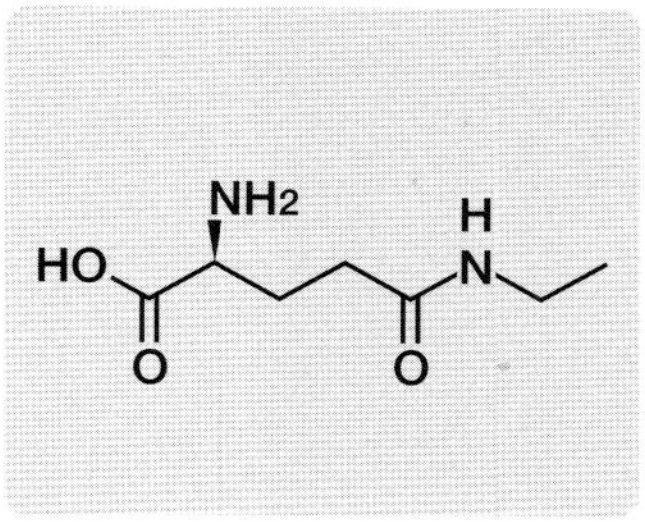

テアニン

フッ素

フッ素は熱湯で抽出されやすいため、さまざまなお茶の中でも紅茶により多く含まれる物質です。紅茶のフッ素含有量は烏龍茶の約二倍、緑茶の約三倍といわれています。またお茶を淹れた時のフッ素が溶け出す割合は淹れ方によっても差がありますが、一〇〇度のお湯に対して含有量の約六〇〜七〇%は溶け出すことがわかっています。歯の表面に耐酸性の被膜《ひまく》を形成するので虫歯の予防に有効な成分です。

ビタミンB群

紅茶には、皮膚の病気や口内炎などを防ぐナイアシン、ビタミンB_1、ビタミンB_2といったさまざまなビタミンB群が含まれています。モロヘイヤやほうれん草の四倍ほどのビタミンBが含まれるといわれています。

サポニン

サポニンはお茶全般に含まれている成分で、抹茶などでみられるように泡立つという特徴があります。茶葉に〇・一%程度含まれ、強い苦みとエグみをもっています。カテキンの作用を補うサポート役ともされており、抗炎症作用、抗アレルギー作用、血圧降下作用、肥満防止作用、抗インフルエンザ作用などの有効性が確認されています。中国ではガン予防に効くと高い評価を得ています。

茶の成分はさまざまな商品に活用されています。

紅茶とフードのペアリング

食べ物に飲み物を合わせることで、口腔内《こうくう》にさっぱり感を生み出し、かつ食べ物のおいしさを高めることを「ペアリング」といいます。ペアリングはフランスでは「マリアージュ」と表現されます。飲み物と食べ物のベストマッチを意味する言葉として使われます。

繊細なフードに、濃厚で香り高い紅茶を合わせると、食べ物の油分は流せても、その食べ物本来の魅力が感じられなくなってしまうことがあります。打ち消すのではなく、油を流しつつ、香りや、味のハーモニーを作り、食べ物と飲み物双方が合わさることで、新しい味覚を生み出すこと、これが最も大切になります。繊細なご飯をいただく時は、みそ汁よりも清まし汁、濃厚な肉料理をいただく時は、塩気の効いたコンソメスープ……など、普段食卓で実践していることをティータイムにも取り入れていきましょう。

ペアリングの流れ

まずペアリングの基本的な流れを把握しましょう。「フード」と「紅茶」を別々に選ぶのではなく、選んだフードを引き立たせる紅茶の選定が大切になります。

❶ペアリングの主役を考える。

「甘いチョコレートをいただいたから、紅茶は何を選ぼう」「酸みのきいたレモンタルトを食べるから、紅茶はどうする」いただくフードに合わせて紅茶をセレクトしてみましょう。時には紅茶を主役にしてみるのも楽しいです。

「新茶のウバの味を引き立てるケーキを用意しよう」「友人にアッサムのおいしさを伝えたいから、アッサムに合うフードを用意しよう」などです。

❷飲み方を考える。

紅茶の提供方法、温度を確認していきましょう。アイスティーより熱い紅茶のほうが脂肪を洗い流す力があるので、口腔内にさっぱり感を強く出すことができます。食中に合わせる場合は、四〇～五〇度のぬるめの紅茶のほうが向く場合が多いこともあります。また、合わせる食べ物と牛乳の相性も検討しましょう。

❸食べ物の甘みを考慮する。

甘すぎる食べ物に甘すぎる紅茶は合いません。反対に食べ物に甘みがない場合は、紅茶に少し甘みをつけてバランスをとることも必要です。

スイーツだけでなく食事に紅茶を合わせる国もあります。

❹食べ物の酸みを考慮する。

次に酸みと渋みの相性を知りましょう。口の中がキュッとするほど酸みのあるフードと渋い紅茶の相性を考えてみてください。渋みの少ない紅茶の産地を知っておくのも上手なペアリングにつながります。

❺食べ物の油分を考慮する。

紅茶の主成分の一つにあげられる「タンニン」。タンニンには、脂肪や油を分解する力があります。生クリーム、バターなどの乳製品、肉や魚の脂肪分、植物性の油成分を取り除く働きで、動脈硬化を防いだりすることでも有名です。このタンニンの力が、口腔内を食べる前の状態に戻すことで、その食べ物の最初の一口目のおいしさを繰り返し味わうことができるのです。上手に脂肪や油が流されず、口腔内にたまっていくと「くどい」と感じ、最後まで食べられなくなったり、おいしさが半減したりしてしまいます。

❻食べ物の香りを考慮する。

紅茶の香りで食べ物本来の風味を損ねないようにしていきましょう。ベルガモットの香りのアールグレイをショートケーキに合わせると……苺の香りより柑橘系の香りのほうが印象に残ってしまいます。燻製のような香りがする正山小種《ラプサンスーチョン》とショートケーキの組み合わせも、生クリームの優しい香りを正山小種が消してしまうのでもったいないです。

ペアリングのコツ

ペアリングのコツは、合わせる食べ物や飲み物についてたくさん知識を持つことです。食べたことがない食べ物と、飲んだことがない飲み物を合わせることは、初対面の人間同士を無理矢理小さな部屋に閉じ込めてしまうようなものです。

間違ったペアリングをしないために必要なのが、各産地の紅茶の味を知ることです。キリッとした、すっきり系の紅茶や、香りは甘く、濃厚、飲むとコクがある紅茶など各産地の紅茶の特徴を掴んでいきましょう。

ワインの世界でソムリエとは「レストランで客の要望に応えてワインを選ぶ手助けをする、ワイン専門の給仕人」とされています。

豊富な知識があること、飲み物の扱いを知っていることはもちろんですが、お客様に対し、「フード」「季節」「体調」「集まりの意味」などを総合して考え、最適な一杯をお出しする大切さは紅茶の世界でも同じです。

チーズケーキに合わせる紅茶、ショートブレッドに合わせる紅茶、ゼリーに合わせる紅茶や、誕生日会にふさわしい紅茶、花見にふさわしい紅茶、一緒に楽しむ人の笑顔を思い浮かべ、ぜひ最高のペアリングを演出してください。

参考までに紅茶とフードのペアリングの例を、インド紅茶を軸にまとめました。インド紅茶は、高産地と低産地での栽培環境、中国種とアッサム種の品種の違いなどにより、各産地が個性的な味、香りを持っています。バラエティー豊かな紅茶をよりおいしく楽しむためには、フードとのペアリングを意識することは大切になります。

インド紅茶とフードのペアリング表

	ダージリンファースト	ダージリンセカンド	ニルギリ	アッサム	アッサムミルク
生クリーム	△	○	○	○	◎
カスタード	△	◎	○	○	◎
アンコ	◎	○	△	○	◎
チョコレート	×	○	△	◎	◎
フルーツ	×	○	◎	×	×
洋酒	×	△	○	○	◎
チーズ	×	△	○	○	◎

紅茶と砂糖

ティータイムを彩ってきた砂糖は茶とともに西洋に伝わりました。当時、砂糖は高価でしたので、一般の食材とは分けられ、銀器や食器、茶と一緒に別室に保管されました。もちろん鍵のかかる部屋です。そこまで大きくない館の場合、砂糖は抱き合わせとして提供される茶とともにキャディボックスと呼ばれる鍵付きの箱の中で保管されることもありました。

客人が来ると、砂糖はシュガーボウルに盛りつけられ、茶室に運ばれました。高価な輸入品である砂糖がティーテーブルにあることを誇示するため、シュガーボウルにはあえて蓋がされないことも多くありました。客人は、女主人に砂糖の量を聞かれますので、自らの好みを伝え、ティーボウルの中に砂糖を入れてもらいます。高価な砂糖をサービスするのは一家の女主人の仕事とされました。

砂糖の原料は昔はさとうきびしか知られていませんでしたが、一九世紀にこれ以外の原料からも砂糖ができることが発見されました。その植物は、甜菜糖《てんさいとう》、ビート、さとう大根と呼ばれるものでした。

甜菜糖での砂糖栽培に、いち早く興味を持ったのは、フランス皇帝ナポレオン（一七六九～一八二一）です。西洋の他の諸国やアメリカなども、競って甜菜糖の品種改良や栽培をはじめ、一九世紀末には生産される砂糖の七割は原料が甜菜糖となりました。甜菜糖の登場により、砂糖の価格は下がり、一般の人びとの間でも消費されるようになっていきます。

砂糖が飽和している現在は、砂糖を特別なものと見なして紅茶と合わせる方は少ないと思いますが、紅茶と砂糖の相性を知ることは、砂糖を原料にしている茶菓子とのペアリングの向上にもつながりますので、各砂糖の特徴を摑んで、楽しんでみてください。

グラニュー糖

グラニュー糖はショ糖の純水結晶で純度が九九・八％以上とかなり高純度でサラサラしています。紅茶の水色を鮮やかにする特徴があり、その味わいは癖がなく淡白なため、香りを楽しむストレートティーに最適です。どの茶葉とも非常に相性のよい砂糖のため、ティールームなどでもサービスされます。

上白糖《じょうはくとう》

日本の最も一般的な砂糖が上白糖です。しっとりとソフトな味わいが特徴です。グラニュー糖と比較すると少し癖があり、甘みが強く、紅茶に入れると切れ味が悪く水色も濁ります。コク、甘みのあるアッサムやキャンディのような茶葉との相性は抜群です。

インドのスーパーマーケットでの砂糖売り場。

黒糖

黒糖はさとうきびの搾り汁をそのまま煮詰め、固めた黒褐色の含蜜糖で、濃厚な甘さと風味があります。ショ糖の純度が七五％ほどですので、他の砂糖よりも甘みは控えめに感じられます。

水色が黒ずむためミルクティー向きの茶葉に合わせることをお勧めします。香りを大切にしたい中国種系の茶葉にはむいていません。

三《さん》温《おん》糖《とう》

三温糖は、結晶を取り除いた糖蜜を数回加熱したものです。薄茶色の小さな結晶で、濃厚な甘さとカラメルに近い風味があります。

繊細な紅茶に入れると三温糖の風味のほうが際立ちますが、コクありの紅茶を楽しみたい時にはお勧めです。

中央奥より時計回りに、グラニュー糖、上白糖、黒糖、三温糖、和三盆、パームシュガー、メイプルシュガー。

和《わ》三《さん》盆《ぼん》

和三盆は、日本の伝統的な製法で作る淡黄色の砂糖です。結晶の大きさが非常に細かく、繊細な風味を持つので、和菓子の原料として珍重されます。さらりとした上品な甘さが特徴です。

中国種のダージリン、ヌワラエリヤなどの緑茶に近い風味を持つ紅茶に合わせると香りが引き立ちます。

パームシュガー

パームシュガーは、ヤシ科の砂糖ヤシから採れる砂糖で、東南アジアで作られています。砂糖ヤシの樹液を煮詰めて作ります。ほのかな甘みが感じられ、ミルクティーに入れるとよりコクがでて楽しめます。紅茶の生産国インドネシアやマレーシアでも多く楽しまれています。

メイプルシュガー

サトウカエデの樹液を集め、約四〇分の一になるまで煮詰めて作ったメイプルシロップの水分を飛ばして粉末状にしたものがメイプルシュガーです。

香ばしく強い風味がありますのでアッサムやルフナなど、ミルクティーにお勧めです。

紅茶と水の関係

紅茶の水色、香り、味を引き立たせる重要な要素の一つが水です。紅茶をおいしく淹れるためには、どういう水を使うのがいいのでしょうか。

水は非常に物質を溶かしやすい液体です。一つの物資が溶けるとさらに溶解力を増し、他の物質を次々と溶かしていく性質があります。この溶解力によって、同じ水でも、地球上のあらゆる場所にある水が、それぞれに性質も成分も異なる水になるのです。日本の水のほとんどが軟水《なんすい》と定義づけられる水で、西洋や北米は硬水《こうすい》が多くなります。地中に染み込んだ雨水が地層中のミネラルをどれだけ吸い取っているかで硬度が変わってきます。日本は国土が狭く地層に浸透する時間が短く、西洋や北米の大陸では地層に接する時間が長いことが、硬水と軟水を生み出す要因の一つとされています。硬水か軟水かを決めるのが「硬度」です。硬度とは水一リットルのなかに含まれるカルシウムとマグネシウムの合計量を数値化したもので、この数値が高いものを硬水、低いものを軟水と呼びます。WHO（世界保健機関）の基準では、硬度一二〇以上を「硬水」、一二〇以下を「軟水」といいます。日本では一般的に、硬度が一〇〇未満のものを軟水、それ以上を硬水と呼んでいます。ただ、最近は輸入のミネラルウォーターが増え、さまざまな硬度の水が販売されるようになってきたので、同じ硬水でも硬度一〇〇～三〇〇程度のものを中硬水と呼んで区別するようになりました。

硬水を軟水に変えるティークリアフィルター。フィルターを水と一緒にヤカンに入れて沸騰させ使用します。

日本の水道水は、サンゴ礁に囲まれた沖縄のみ硬度二〇〇前後の硬水ですが、他はほとんどが硬度五〇～七〇位の軟水、北海道の一部には硬度が三〇以下の超軟水の地域もあります。反対に、西洋諸国では全般的に硬水が多くなります。紅茶の国と呼ばれる英国ロンドンの水の硬度は二五〇～三〇〇位の硬水ですが、ロンドンより、北上するにしたがって硬度はしだいに軟らかくなり、スコットランドの水質は日本寄りの一〇〇前後となっています。そのため、英国人は、硬度が一五〇でも、その水のことをロンドンの水よりは軟らかいという意味で、「軟水」と表現することもあります。

硬度が異なると紅茶の抽出には大きな差が出るため、日本と英国では、同じ茶葉を使って紅茶を淹れると、味わいも水色も大きく異なる紅茶ができあがります。水の特性は同じ国であっても地域によってさまざまであることを踏まえ、一九世紀より西洋では水質を考慮した国別、地域別の紅茶のブレンドの技術が進みました。現在の英国でも、同じ紅茶ブランドから、ハードウォーター用の紅茶、ソフトウォーター用の紅茶など、地域にあわせて複数のブレンドティーを提供している会社もあります。

硬度別による紅茶の香りや味の変化ですが、軟水で紅茶を淹れると全般的に、水色は明るくなり、渋みと香りは強くなります。一方、硬水で紅茶を淹れると水色は黒っぽい色になり、香りは弱くなります。ただしコクは出ます。

各産地の茶葉の特徴と水の関係でいうと、ダージリン、ウバなどの水色や香りを大切にしたい紅茶には軟水が適しており、ケニアやアッサムなどは硬水のほうがよりコクを楽し

世界各国のミネラルウォーター。特徴を知って使ってみるのも楽しみのひとつです。（左からNerea:硬度148、Contrex:硬度1468、嬬恋の天然水:硬度19、evian:硬度304、Volvic:硬度66、南アルプスの天然水:硬度30、Highland Spring:硬度142）
＊硬度は検査時期などにより数値が前後します。

めるのでお勧めです。ミルクティーにすると味わい深く、バランスの良いものになります。

また、アールグレイなどのフレーバードティーや正山小種《ラプサンスーチョン》のような香りが強い紅茶は、軟水より硬水のほうが香りや味わいが強く出過ぎずにまろやかで飲みやすくなります。ただし、現地でちょうど良い香りと感じた紅茶は、日本の水で抽出すると一様に香りが強く感じられるので注意も必要です。

現在では、日本にいてもさまざまな硬度の水を入手できるので、渋みが苦手な人は硬水を使ったり、綺麗な水色を楽しみたい時には、軟水で淹れてみたりと好みに合わせて水を変えてみるのも良いでしょう。

紅茶と水に対する関心度は西洋でも年々上がってきています。ダージリンの消費量が高いドイツでは、水の硬度を軟化させる専用のフィルターが販売されています。ヤカンの中にフィルターを入れてお湯を沸かすと、マグネシウムやカルシウムがフィルターに付着し、除去され、沸かしたお湯は軟水化するという用具で、ドイツ国内の紅茶専門店ではかなりの確率で店頭販売されています。最近では英国の紅茶専門店でも同様のフィルターを見かけることが多くなり、消費者の「よりおいしく紅茶を楽しみたい」というニーズが強くなっていることを感じます。

CHAPTER

第4章

作品の中のティータイム

紅茶は人びとの日常に、欠かせない飲み物です。世界中で愛されている文学・映画・絵画の中にも、紅茶を重要なキーワードとしてとらえた作品が多くあります。ティータイムに注目していつもと異なる視点で、作品を楽しんでみるのはいかがでしょう。

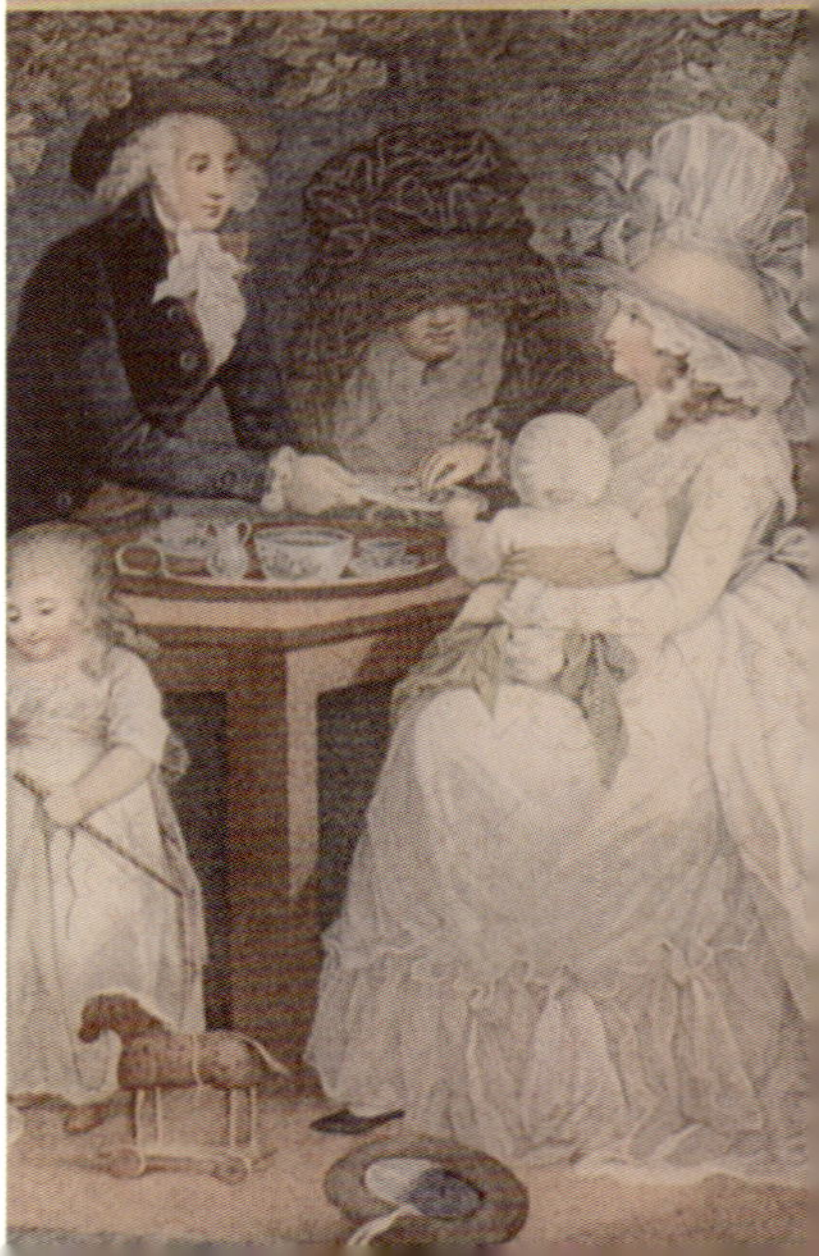

文学や映像で楽しむ紅茶

紅茶は子どもから大人までみんなで楽しめる飲み物です。ティータイムは日常生活に密接に関係しています。

そのため、文学や映画の中にも紅茶のシーンはよく登場します。どんな場面で、どんな意図で描かれたティータイムなのか……歴史背景やその国の文化も合わせて楽しんでみると、新たな感動を覚える作品もあることでしょう。

『マディソン郡の橋』

アメリカでは、独立戦争のあと、ホットティーを飲む習慣は廃れましたが、二〇世紀に入り、ティーバッグ、そしてアイスティーの普及が進みました。一九三〇年代の禁酒法の時代、ビール代わりの日常飲料水として注目を集めたアイスティーは、あっという間に国民的な飲み物になり、より簡単に手早く淹れられないかと、インスタントティーも登場します。

一九九二年に刊行されたロバート・ジェームズ・ウォラー著（一九三九〜）の大ベストセラーで、一九九五年に映像化もされた『マディソン郡の橋』は、一九六〇年代のアメリカが舞台となっています。

夫と子どもたちが家畜の品評会で街へ出て、数日一人きりで過ごすことになった主人公フランチェスカ。運命の恋人ロバート・キンケイドとの出逢いのシーンが映像化された際に、彼女が手に持っていたのはアイスティーです。家事の合間に一息できるようにと、大きなピッチャーにアイスティーを入れ、ウッドデッキに持ち込んでいた彼女に、ロバートが「屋根付きの橋」の道を聞いたのが二人の出逢い

日本でも大ヒットした原作本、そして映画。一度見た方も、紅茶に注目して改めてご覧いただければ嬉しいです。

でした。

橋までの道案内をかい、そしてロバートの車で自宅まで送ってもらったフランチェスカ。本来ならば、ここで別れるのが常識なのですが……車を降りたフランチェスカは、運転席に近づきロバートを誘ってしまいます。「アイスティーでも飲んでいかない?」夫と子どものいない家に他人の男性を入れる……フランチェスカの気持ちの高まりと、日常的な飲み物のアイスティーの対比。

すでに作り置きしてあるアイスティーにグラニュー糖を入れ、マドラーで思い切りかき混ぜレモンを添え……もてなしの際にとても自然に紅茶が登場するのが印象的です。

小説の中には「アイスティー」「ホットコーヒー」「ビール」「ブランデー」「コーラ」いろいろな飲み物が登場します。まさに移民国家のアメリカらしいラインナップです。

『マイ・フェア・レディ』

一九六四年に映像化された『マイ・フェア・レディ』の主人公イライザは、初等教育も受けていない貧乏な花売り娘でした。そんなイライザと、ふとしたことから出逢った言語学者ヒギンズは、花売り娘イライザに上流階級の話し方をマスターさせることができるのか、そんな研究テーマに燃え上がります。

最初は嫌がっていたイライザも、少しずつその気になり……奇妙なコンビは必死ににわかレディを作り上げていくのです。

実験の成果を見てみようと、ヒギンズは、母親がボックス席を持つ、上流階級の人びとの社交の場、アスコット競馬場に乗り込みます。しかし、付け焼き刃でレディ教育を受けたばかりのイライザの社交界デビューは散々な結果となってしまいます。

彼女は上品な話し方こそ身につけていましたが、中身は花売り娘のままだったからです。会話は英国人らしく天気の話題のみとヒギンズと約束していたのですが、人とコミュニケーションをとりたい好奇心旺盛のイライザは、ヒギンズの忠告を無視し、ゲストと勝手に会話をしてしまいます。結果、ヒギンズ親子はイライザの言動のせいで大恥をかいてしまうのです。このように物語の前半戦のアフタヌーンティーは、大失敗に終わってしまいました。

インテリアやファッションも楽しめる『マイ・フェア・レディ』。紅茶のシーンにも注目して見てください。

アスコットでの失敗から六週間、地獄のような特訓の末にイライザの再デビューの日がやって来ます。場所は大使館の舞踏会です。ヒギンズの心配をよそに、イライザは皇太子からダンスの相手に指名されるという快挙をやってのけます。イライザは花売り娘からレディへと、鮮やかな変身を遂げたのです。

しかし、男たちは実験の成功を喜ぶだけ。彼女は自分がモルモットにされていたことを感じ傷つきます。実験の中で、レディとしての自我や誇りがイライザに芽生えていたのです。密かにヒギンズに恋心まで抱くようになっていたイライザは悲しみのあまり、家を飛び出します。

イライザが逃げ込んだのは、ヒギンズの母親の家でした。二人が話し込んでいるところに、家出をしたイライザを探しにヒギンズが怒鳴り込んできます。怒りに身を任せたヒギンズに、イライザは、あくまでもレディとして感情を出さず「お茶をいかが？」と優雅に勧めるのですが……。

　美しいロイヤルコペンハーゲンのティーセット、上流階級のエチケットらしく、ミルクはあと入れです。前半のティータイムと比べてみると、イライザの成長ぶりがうかがえる素敵なシーンです。

『クマのプーさん』

　A・A・ミルン（一八八二〜一九五六）が一九二六年に発表した『クマのプーさん』の主人公プーはある日、朝食として蜂蜜を食べようとしましたが、壺はどれも空っぽでした。プーは蜂蜜を採るため、木に登ろうとするのですが失敗してしまいます。今度は風船を使って再チャレンジするもののまたまた失敗し、蜂に追われ散々な目に遭ってしまいます。

　困ったプーはラビットの家を訪れます。なぜならば、ラビットはいつもプーに「お昼でも食べていかない？」と聞いてくれる、プーにとって救済者的な存在だからです。物語の中でラビットは、英国紳士として描かれています。英国では、客人が来たら、食べ残してもらうくらいたくさんの食べ物を提供するのがエチケットとなっています。そしてよほどの用事がない限り、遊びに来たいという訪問の依頼は断らないこと、これも大切と考えられていました。いつでも人を招けるくらいの食べ物を用意し、人を招けるレベルの掃除をしておくことは家庭を守る者の義務とされていたのです。

　日本語版に訳された映画では、プーはお昼を食べにラビットの家に行ったことになっていますが、原作では「イレブンジズ」の一一時のお茶の時間として描かれています。プーのお腹は一〇時五五分で腹時計が止まっている……いつでもお腹がすいているそうですよ。

英国らしいこだわりがたくさん詰まった『クマのプーさん』には茶会のシーンもあります。

そんなプーが一時にラビットの家を訪ねると、案の定ラビットは紅茶を楽しんでいました。そして紳士道にのっとりプーを招き入れ、紅茶を勧めます。しかしプーは「紅茶よりも蜂蜜のほうが」と図々しくリクエストして蜂蜜をたっぷりご馳走してもらいます。ご馳走といっても、出された分だけでは足りず、次々におかわりをしてラビットの家の蜂蜜を食べ尽くしてしまうのです。

すべての蜂蜜を食べきったプーは席を立ち帰ろうとしますが、食べ過ぎて太ってしまいラビットの家の玄関にお尻が挟まって出られなくなってしまいます。慌てたラビットが助けを呼びますが、みんなで引っ張ってもプーのお尻は抜けません。結局プーは一週間ほど断食することになってしまいます。

ラビットは見栄えの悪いプーのお尻をインテリアにふさわしくないと考え、プーのお尻にクロスをかけて花瓶を飾ったり、鹿の置物に見立てたり、あれこれ工夫します。こんなシーンも、家を大切にする英国人の日常生活をうかがわせます。

『ナニー・マクフィーの魔法のステッキ』

二〇〇五年に映像化された『ナニー・マクフィーの魔法のステッキ』にもたくさんのティーシーンが登場します。

一家の要である夫人を亡くしてからというもの、ブラウン氏と子どもたちはうまく心が通わせられません。仕事が忙しいブラウン氏が雇う母親の代わりのナニーを、悪戯《いたずら》を繰り返す七人の子どもたちは、次から次へと辞めさせてしまい、ついに一七人目のナニーも出て行く始末でした。

そんなブラウン家を、不思議なナニーが訪ねてきます。彼女の名前はナニー・マクフィーです。みごとな団子鼻に二つのイボ、唇から飛び出した大きな歯！　さらに驚くことに、なんと彼女は魔法使いだったのです。子どもたちは反発しつつもナニー・マクフィーの魅力にはまっていきます。

実はこの一家にはさらなる問題がありました。七人の子どもを抱えるブラウン氏は、自分の稼ぎだけで、生活を成り立たせることができず、裕福な叔母に金銭面の援助をしてもらっています。その叔母は、子どもたちによき母親を見つけることが、父親の役目として大切だと、ブラウン氏に結婚を勧め、一か月以内に再婚しないと資金援助を打ち切ると宣言。そうなると何人かの子どもを手放すことになってしまう……！

大切な子どもたちとの生活を守るため、ブラウン氏は、思い余って、裕福な女性にプロポーズすることを決意。自宅のアフタヌーンティーに彼女を招待することにします。

大切な客人を招くべく、清潔な衣装に着替えさせられ玄関ホールに整列させられる子どもたちは、父の結婚を破談にさせようと一致団結します。応接間に用意されたアフタヌーンティーのセッティングには、子どもたちの仕掛けた罠があり、ブラウン氏と見合い相手の女性を襲います。ハプニングが起きるたびに一生懸命その場を取り繕うブラウン氏ですが、史上最悪のアフタヌーンティー、果たしてプロポーズは成功するのでしょうか？

子どもと一緒に楽しめるナニー・マクフィーシリーズ。続編『ナニー・マクフィーと空飛ぶ子ブタ』にも紅茶のシーンが度々登場します。

絵画の中のティータイム

西洋ではもともと喫茶文化は王侯貴族のステイタスでした。そのため、お茶を楽しんでいる自分の姿を絵に描かせることはさらなる富の証となりました。一七世紀以降、たくさんの画家がティータイムのシーンをキャンバスに描いていきました。

一八世紀になり、新聞や雑誌が一般市民にまで行き届くようになり、小説なども普及していくと、挿絵画家の存在も注目されていきます。一枚の挿絵から、文章だけでは想像できなかったインテリアや服装、道具など、よりリアルなティータイムの様子が表現されるようになりました。

多くの画家が後世に残した作品の中から、大衆向けに描かれた作品をいくつか紹介していきましょう。世界中のさまざまな場所で描かれたティータイム。紅茶が世界で愛された飲料であることを改めて実感することでしょう。

ウィリアム・ホガース

諷刺画、肖像画、歴史画などさまざまな絵画を描いたウィリアム・ホガース（一六九七～一七六四）はロンドンに生まれました。父親は、教師業を営むかたわらサイドビジネスとして当時流行だったコーヒーハウスの経営をしていましたが、借金を重ね、家族ともども五年間、債務者監獄に投獄されてしまいます。一七二〇年、両親の死をきっかけに独立したホガースは挿絵の仕事で生計を立てながら、セント・マーチンズ・レイン・アカデミーで本格的に絵画を学びます。そして一七二一年には最初の諷刺版画を刊行します。彼は風刺画をストーリーに沿った数枚の油彩の連作として制作し、銅版画を作って売り出しました。

一七三二年に発表した六枚の連作「娼婦一代記」は少女モルが娼婦となり身を持ち崩していく過程を描いた作品で、一八世紀の英国の悲惨な社会問題を赤裸々《せきらら》に訴える作品として評判になりました。

田舎からロンドンに出てきた少女モルは裕福なユダヤ商人の妾になり、当時高額だった茶を楽しめる暮らしを手に入れます。部屋の中に描かれているマホガニー材のテーブル、西インドからもたらされた少年と猿は、パトロンである商人が英国植民地から手に入れた富を象徴しています。

しかし彼女は若い愛人との密会現場を、パトロンである商人に押さえられてしまいます。商人の家から追い出されたモルは、売春婦に身を落としますが、そこでもメイドに朝からお茶を淹れさせています。その後、モルは娼婦摘発により、逮捕、投獄されてしまいます。さらに不幸なことにモルは梅毒にかかり、惨めな死を迎えるのです。

作中には「茶」が、モルの置かれた生活レベルを表現する小道具として登場しています。商人の家でのティータイムではポットを使用していますが、娼婦になってからのティータイムには中国製のポットではなくジャグを使ってお茶を淹れています。使用されている器はどちらもハンドルのないティーボウルです。

こちらの作品は現在、大英博物館に所蔵されています。ホガースは他にも「当世風の結婚」「ストロード家の人々」の作品でも喫茶の風景を描いています。

ジョージ・モーランド

ジョージ・モーランド（一七六三～一八〇四）は祖父、父親が彫版師、母親も絵画をたしなむ一家の三男としてロンドンに生まれます。幼少期から精緻《せいち》なスケッチで注目され、一〇歳でロイヤル・アカデミー・オブ・アーツへの入学を認められます。彼の風景画はとくに人気があり、生き生きとした動物の描写も高い評価を得ます。

そんなモーランドが一七九〇年に描いたの

「娼婦一代記」モルが愛人を部屋から逃がすために、ティーテーブルを蹴飛ばしたため、高価な茶器は床に落ちて割れてしまっています。(1850年版)

「娼婦一代記」落ちぶれてしまったモル。ティーテーブルは椅子を代用品にしているのでしょうか。右奥には彼女を捕らえるために来た役人が描かれています。(1850年版)

が「ティーガーデン」というタイトルの絵です。中産階級や労働者階級にまで人気があったお茶が楽しめる野外施設ティーガーデンでのティーシーンを描いた作品です。舞台の「バグニグ・ウェルズ・ティーガーデン」は「メリルボーン」「ヴォクソール」「クーパーズ」「ラネラー」と並び、人気のティーガーデンでした。

絵の中の家族が使用しているのはブルー＆ホワイトのティーボウルです。子どもも一緒にお茶の時間を楽しんでいます。小ぶりなミルクピッチャーに対し、シュガーボウルは大きく、当時、高級品だった砂糖の存在を誇示しています。

優しい雰囲気のモーランドの作品は海外でも評価され、一九二三年に刊行された『ドリトル先生の郵便局』の中には、なんと、モーランド自身が、画家として登場しています。小説の中で、モーランドはドリトル先生の飼い犬・ジップを描いた画家として紹介されるのです。一九八四年には旧ソビエト連邦で発行された切手に彼の作品「嵐の前」が採用されています。

ジェームズ・ティソ

ジェームズ・ティソ（一八三六〜一九〇二）は、フランスの港町に、生地卸し商人の次男

「ティーガーデン」ティーガーデンは大人も子どもも一緒に楽しめる娯楽施設でした。白いドレスの夫人の右後ろには、ポットに水を汲む男性が描かれています。（1880年版）

として生まれました。二〇歳の時に画家を志して、美術学校で学びます。二三歳にしてパリのサロンに初入選を果たし、その絵がフランス国家から高額で買い上げられるという幸運な画家デビューを果たします。

一八七〇年、フランスとプロイセン王国の間で普仏戦争が始まると、ティソはパリ包囲戦で国民義勇軍に参加します。そのことがきっかけで、翌年ロンドンに亡命することになります。

「クリッパーを待つ人びと」紅茶を楽しみながらクリッパーを待つ令嬢。彼女は賭けごとに参加していたのでしょうか。（The Graphic /1873年2月8日）

ティソは一一年間ほどの英国生活のなかで、英国の上流階級、中産階級の生活を描き、記録をする機会に恵まれます。「英国の画家が普段描かないような主題、英国ではあまりに身近で見逃されていたような英国らしさを描いてくれる画家」と『イラストレイテッド・ロンドン・ニュース』はティソを評したそうです。

社交界の年中行事でもあったクリッパーレースを描いた「クリッパーを待つ人びと」は、ティソらしい快活な主題です。クリッパーレースの期間中、人びとは船のドックがあるテムズ川沿いのパブやレストランに集い紅茶談義を楽しんでいました。

この絵は、ティソの想像力で描いたようです。彼の作品の中に登場する女性たちは、同一人物が多く、そして複数の作品をよく見るとドレスが同じだったりします。また、絵の中の小道具となっているティーポットやティーカップ、扇子などはティソ自身のものだったと本人も認めていました。ティソは自分が立ち会った風景を自分のアトリエで再構成し、作品を仕上げていたのです。

メアリー・カサット

メアリー・カサット（一八四四〜一九二六）はアメリカペンシルヴァニア州ピッツバーグ郊外に生まれます。二一歳で画家を志し、パリに渡り古典絵画の研究を始めます。一九世紀後半は、まだ女性の画家が認められるのは難しく、フランスの国立美術学校も女性の入学を認めていませんでした。そのため、彼女は画塾で指導を受けたり美術館で模写したりしながら腕を磨き、二四歳の時パリのサロンで初入選を果たします。

その後印象派を代表する巨匠、エドガー・ドガ（一八三四〜一九一七）と出会い、画家としての転機を迎えます。印象派展の参加をはじめ、さらには日本の浮世絵《うきよえ》にも影響を受けて版画の制作も手がけるようになります。軽やかな筆使いや明るい色彩、そして身近な女性たちの日常に焦点を当てた主題は女性に厳しかったパリの美術界からも認められるほどでした。

カサットは身近なテーマとしてティータイムも題材によく取り上げました。ボストン美術館の顔にもなっている「ファイブ・オクロック・ティー」は、中産階級の「家庭招待会」の一コマを描写した作品です。招かれた女性は少しの滞在時間で立ち去るため、帽子、手袋はとらずに紅茶を楽しんでいます。

「ファイブ・オクロック・ティー」ソファで紅茶を楽しむ際には、ソーサーを胸元まで上げるのが当時のエチケットでした。

ボリス・クストージエフ

ボリス・クストージエフ（一八七八〜一九二七）はロシアを代表する画家です。ペテルブルク美術アカデミーで学び、一九一一年に「芸術世界」の会員になります。ロシアの画家にしては珍しく、明るく華やかな色調を多用し、革命前の商人階級の風俗を多く描きました。そして同様の手法でロシア革命を一種の祭りとして描き、注目されます。

代表作に「謝肉祭」「ボリシェビキ」がありますが、サンクトペテルブルクのロシア美術館に所蔵されているロシア革命の翌年に発表された「お茶を飲む商人の妻」はロシアの紅茶文化に興味がある方でしたら、いつか実物が見てみたいと思う名作です。

南の地方の菓子やフルーツで彩られる豊饒な食卓、ふくよかな女性の姿は、革命前のブルジョワ階級の贅沢な暮らしぶりを象徴しています。背景に描かれているのも革命前のサンクトペテルブルクの風景です。

革命により、このような富裕層の人びとは多くが殺戮《さつりく》に合いました。現実と、絵の中の女性の幸福さが、どこかノスタルジックで神話的な雰囲気を醸し出しています。これは作者の皮肉なのでしょうか。

テーブルには、ロシア特有の茶道具サモワール、そして古くから継承されている、お茶を受け皿に移して飲むという行為も描かれています。これらも、王政時代の雰囲気を伝えています。ロシア美術館では、「ロシアの女シリーズ」の一環として展示されています。

「お茶を飲む商人の妻」サモワールを使ったティータイムの様子は最近では滅多に見なくなってきました。古き良きロシアの伝統が詰まった１枚です。

ソリに乗った女性に、男性たちが紅茶と茶菓子のサービスをしようとしています。（The Graphic Christmas Number/ 1875年12月25日）

海の上に筏を浮かべてティーパーティー。茶器もしっかり準備してあるところはさすがです。（The Graphic/1881年10月22日）

column

いつでもどこでもティータイム

　私たちはお茶をいただくのは、自宅やティールーム、ホテルのテーブルの上……と思いがちですが、真の紅茶好きは思いがけないところでも紅茶を楽しんでいたようです。毎朝飲んだ紅茶の茶葉で楽しむ紅茶占いから始まり、アウトドアでも紅茶は欠かせません。なんと海に入っても！

　皆さまも、いろいろな場所でティータイムを楽しんでみてください。

小さな女の子まで虜にした紅茶占い。どんな運勢だったのか気になるところです。（1913年消印）

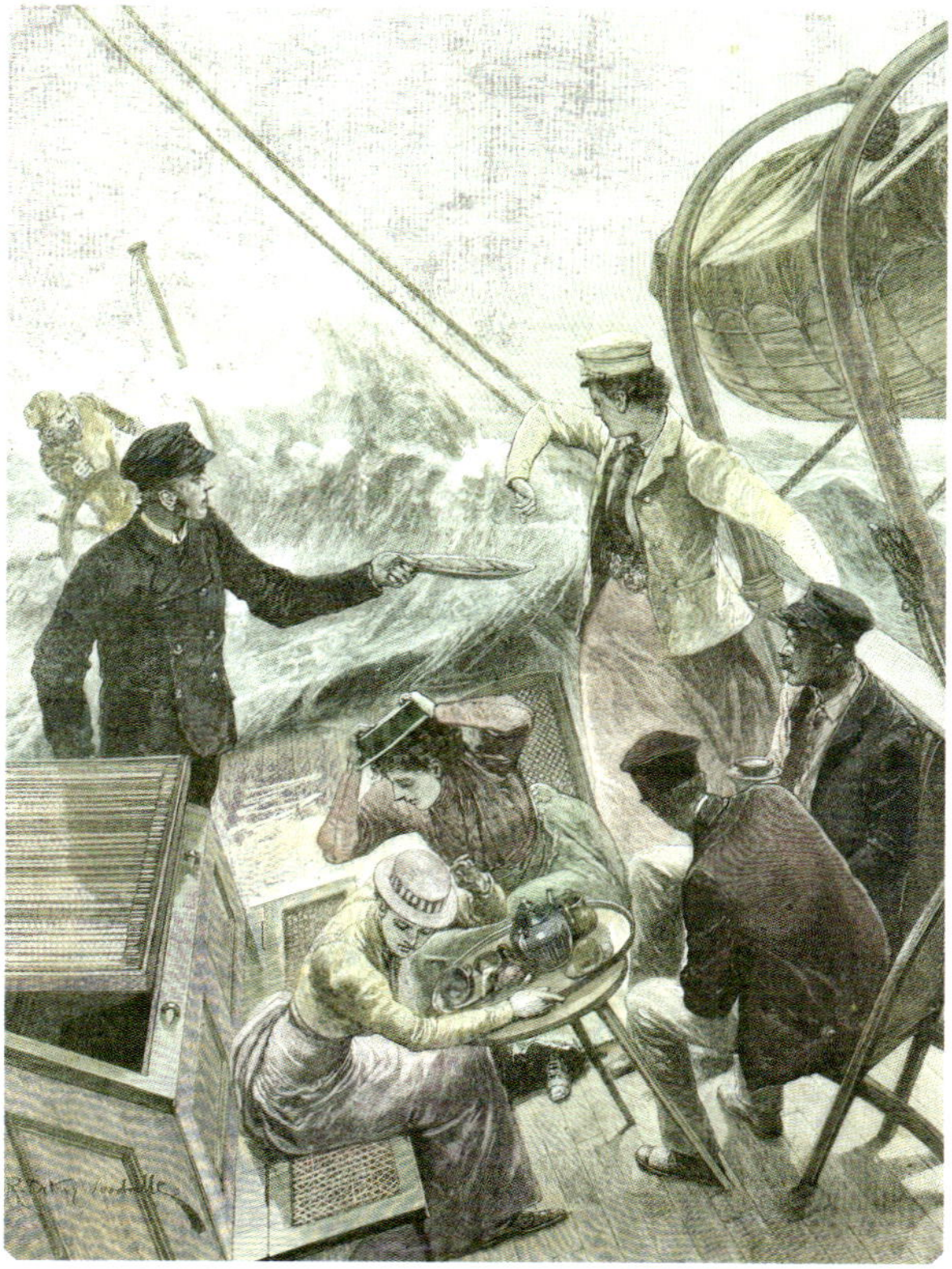

荒波の船の上でのティータイム。どんな時でもかたわらには紅茶が必要なのです。（The Illustrated London News / 1895年9月30日）

野外でのキャンプ中もティータイムは欠かせません。（The Illustrated Sporting and Dramatic News / 1885年9月19日

CHAPTER

第5章

世界のティータイム

世界には、さまざまなティースタイルがあります。日本ではあまり見かけない特別な茶道具を愛用している国、ちょっと風変わりな紅茶の飲み方をする国。旅先で出会ったティータイムを紹介しましょう。

英国のティースタイル アフタヌーンティー

アフタヌーンティーの習慣は、現在ホテルにも場を広げ、英国を代表する観光産業としても認知されています。英国人にとってアフタヌーンティーは本来の文化通り自宅で楽しむもの。そのためホテルやこだわりのティールームでのアフタヌーンティーは、やや特別なものとしてとらえられています。旅行先、家族行事、特別な記念日……いつもより少しお洒落をして、予約した日から当日を待ち遠しく思う。そんなアフタヌーンティーですので、もてなす店側のホスピタリティーも客の期待に応えて年々向上しています。

アフタヌーンティーの基本メニューは、サンドウィッチ、スコーン、そしてスイーツなのですが、最近はそれらを店側が決めた「テーマ」にそってコーディネートすることも定番になってきました。「チョコレート・アフタヌーンティー」「プレタポルテ・アフタヌーンティー」「クリスマス・アフタヌーンティー」季節ごとにメニューが変わることで、ファンを喜ばせるホテルもたくさんあります。そして「デトックス・アフタヌーンティー」

3段のケーキスタンドにのって提供されるティーフード。ホテルではこのスタイルが定番です。

ロンドン観光も兼ねたアフタヌーンティーツアー。ロンドン市内の人気ベーカリーが提供しているサービスです。

ホテルのインテリアもアフタヌーンティーの楽しみの一つ。

揺れるバスの中のため、紅茶は蓋つきのタンブラーで提供されます。

「ビーガン・アフタヌーンティー」など健康をテーマにしたアフタヌーンティーも注目を集めています。

　フード類は、塩気のあるものから甘いものへと順に食べていきます。どのホテルも紅茶のお代わりは自由ですのでたっぷりの紅茶を合わせましょう。紅茶の茶葉をその都度選択できるホテル、そうではないホテルがありますので、最初に確認しておくといいかもしれません。

　アフタヌーンティーは本来夕食前の小腹を満たし、会話を楽しむ時間として発展したティースタイルですので、アフタヌーンティーの時間はホテルのスタッフとの会話も楽しんでみましょう。行ってはいけないエチケットとしては、ティーカップのブランド名を確認しようと器をひっくり返して底を見ること。

食べきれなかったフードを持ち帰るためのボックス。

素敵と感じたカップでしたら、勝手に見るのではなく、ぜひスタッフに聞いてみてください。「とても素敵です」「気に入りました」など誉め言葉も忘れずに伝えましょう。

英国のアフタヌーンティーのフードの量は、日本人にはやや多めに感じることもあるかもしれません。英国では頼んだフードの持ち帰りが可能な店がほとんどですので、もしお腹がいっぱいになってしまったら、持ち帰りさせてもらうのもいいでしょう。ただし、お代わりとしてサービスでいただいたものを手つかずのまま持ち帰るのはエチケット違反です。

英国のティースタイル クリームティー

英国のティールームの定番メニュー「クリームティー」。クリームティーとは、スコーンとミルクティーを合わせて楽しむティースタイルをさす言葉です。アフタヌーンティーよりカジュアルなクリームティーは英国人にとって日常です。

クリームティーの主役のスコーンは、スコットランド地方のオーツ麦を使った菓子バンノックが原型とされています。そしてその名前は、スコットランドの古都パースにあるスクーン宮殿からきています。スコーンの形も、

スクーン宮殿にはスクーンの石のレプリカが展示されています。

エドワード王の椅子。この時代は石がはめ込まれていました。（1953年）

この宮殿にある「石」に由来するといわれています。スクーン宮殿にはスクーンの石、運命の石、玉座の石などと呼ばれる縁起のよい石があり、歴代スコットランド王はこの石に腰を掛けて戴冠《たいかん》をしていました。しかし、イングランドとスコットランドの国境紛争が熾《し》烈《れつ》だった一三世紀、イングランドのエドワード王（一二三九〜一三〇七）はこの石を、戦いの戦利品としてロンドンに持ち帰りました。そして、石をはめ込んだ特注の「エドワード王の椅子」を作らせました。以降、椅子はウエストミンスター寺院におかれ、スコットランドを尻に敷く形で、英国王の戴冠式が行われるようになりました。スコットランド人にとって、エドワード王の椅子は、屈辱と怨念《おんねん》の象徴となりました。

　一九九六年、石はスコットランドに返還され、現在はエディンバラ城内の宝物殿に展示されています。ただし、今後も英国王が戴冠する時は、石をロンドンへ運ぶという条件が付いているそうです。一九九六年以前にウエストミンスター寺院を訪れた方は、石が入った椅子を、以降の方は空の椅子を見学してきたことになります。

北イングランドのカントリーハウスのティールームでのクリームティー。

　スコーンは日常の食べ物なのですが、その由来ゆえに、食べ方にもちょっとしたルールがあります。まず、スコーンは、オオカミの口と呼ばれる割れ目に沿い、手で横に二つに割っていただきます。また、法則に逆らって縦に割ることはタブーとされています。ティールームでは、スコーンと一緒にスコーンナイフが一緒にサービスされますが、このナイフはクロテッドクリームやジャムを塗るための道具で、スコーンを切るためのものではありません。スコーンナイフの先端は必ず丸くなっています。やはり、玉座の石に先の尖ったナイフでふれるというのは、タブーということなのでしょう。

　複数人で楽しむ場合、必要量のクロテッドクリームとジャムをお皿にとってから、スコーンナイフで塗りながら食べます。食べる分だけ塗って、その部分を食べたら、また塗って……がエレガントとされていますが、大半の英国人は、一度にクリームとジャムを塗ってしまってから手で切り分けてスコーンを食べます。

　この時のクロテッドクリームとジャムの塗

り方にも二つの方法があるので、ぜひ試してほしいです。一つ目は「デボンシャー・スタイル」。スコーンにクロテッドクリームを塗ってからジャムをのせます。このほうがクリームをたくさん食べられると、クリーム好きに支持されているスタイル。二つ目は「コーンウォール・スタイル」。こちらはジャムを塗った上にクロテッドクリームをのせます。クロテッドクリームを焼きたてのスコーンの上にのせると溶けてしまうという発想からのようです。この順番だと、ジャムをしっかり塗ることができるというメリットもあります。

ミルクティーを楽しむ際に、カップにミルクを先に入れるか、あとに入れるかという論争があるように、スコーンを食べる際にも、クリームやジャムの塗り方へのこだわりがあるなんて、生活を楽しむ英国人らしいこだわりだと思いませんか？

フランス・ベルギーのティータイム

美食の国といわれるフランス、そしてベルギー。そのこだわりはティータイムにも反映されています。もともとフランスでは、紅茶は貴族階級の飲み物であり、一般への普及がかなり遅かったため、今でも紅茶というと、高貴なイメージ、少しかしこまったイメージを持つ人も多く、外出先で紅茶を楽しむならば、とっておきのサロン・ド・テでという方も多いとか。

一般的なティールームでも、きちんとティーポットでサービスがされるのが普通。ティーバッグの紅茶でも、ティーポットでサービスされ、トレイには必ずグラニュー糖、ザラメ、氷砂糖、ブラウンシュガーなど数種類の砂糖が添えられて提供されます。砂糖一つをとっても、「食」を楽しむ国民性がよく出ていてとても微笑ましい光景です。最近では、ティールームで提供される牛乳も低温殺菌にこだわる店が多くなっています。スーパーマーケットの紅茶売り場に関しては、どちらの国もティーバッグが中心で、リーフティーは専門店で購入します。

そんな両国でのティータイムに人気のアイテムが、四〇〇年以上の歴史を持つ、岩手県盛岡市の伝統工芸品の南部《なんぶ》鉄器《てつき》で製造された鉄瓶《てつびん》です。日本では、販売数も激減していた鉄瓶に最初に目を付けたのは、フランスの人

ベルギーのカフェでは、紅茶を頼むとサービスで小菓子が付くことも。ティーバッグでも必ずティーポットでサービスされます。

複数の砂糖がサービスされます。1杯目、2杯目、砂糖を変えて楽しむこともできます。

気紅茶専門店マリアージュフレールだったといわれています。日本の急須よりサイズを大きくし、紅茶の色に影響が出ないように、急須の内部にはほうろうが施されています。一九八〇年代、輸出が開始されると、フランス国内で人気に火がつき、現在は西洋圏の紅茶専門店では、鉄瓶を見かけない国がないくらいに普及しています。

日本では青銅や黒など、伝統的な色が好まれますが、フランスやベルギーでは「黒だけではつまらない」「もっとカラフルで、自分の好きな色の鉄瓶を持ちたい」という消費者が多いため、カラーヴァリエーションも進化し続けているように思います。カラフルな鉄瓶が店内いっぱいに並ぶ光景は圧巻で、日本で見ていた鉄瓶のイメージを大きく変えてしまいます。

ベルギーの紅茶専門店の一角。色とりどりの鉄瓶は、すべて日本製でした。

インドのティータイム

インド人は紅茶が大好きです。その飲み方は、シチュエーションにより変化します。大切なゲストをもてなす茶会の席では、英国式のティースタイル、街中や家族でのティータイムではスパイスと砂糖がたっぷり入った煮出し式のミルクティー。楽しみ方は異なりますが、いつでもどこでも紅茶が楽しまれているイメージです。

世界遺産をたくさん持つインドは、海外からの旅行者にも人気の国です。とくに欧米の観光客は、自分たちの国にないエキゾチックさを求めてインドを訪れます。そんな観光客に人気のスポットとして、紅茶の産地があります。日常飲んでいる紅茶がどんなところで作られているのだろう……西洋にはない一面に広がる茶畑を見てみたい。そんな人々の願いを叶えてくれるのが、第1章でも紹介した茶産地を走る山岳鉄道です。インドのダージリン、ニルギリを走る鉄道はユネスコの世界遺産にも認定されており海外の観光客にも大人気です。インドの山岳鉄道のチケットは四

汽笛を鳴らして走る山岳鉄道。乗客は身を乗り出すように風景の写真撮影を楽しんでいます。

岩場を走り抜ける際には、乗客にも緊張感が走ります。

給水休憩時には車体のメンテナンスも。

か月前から販売されるのですが、一日で完売してしまうことが多く、インド旅行専門の旅行社を通しても、希望日のチケットが確保できないこともあるくらい。とくに列車前方の見晴らしのいい一等車のチケットは争奪戦です。

無事チケットを入手して、一八九九年に開通した「ニルギリ山岳鉄道」の旅に出かけてみました。出発前のホームには、朝七時にもかかわらず、キャンセルのチケットを待つ人びとの長蛇の列が。幸運に感謝して、乗り込んだ山岳鉄道の旅はとにかくスリリングでした。ノスタルジックな蒸気機関の汽笛とともに、ゆっくりとホームを離れたあとは、汽車はグングンと山道を登っていきます。車体が、窓から手を出せば届いてしまいそうなほど壁面に接近したり、車上ギリギリの高さのトンネルを通過したり。

スピードが上がってくると、ジェットコースターに乗っている気分です。インドの平地を走る鉄道にはトンネルが少ないとのことで、トンネルになじみがないインド人は、大人も子どもも問わず、たった一〇〇メートルほどのトンネルでも、入った途端に大絶叫があがります。トンネルは一六ほどあるのですが、悲鳴がやむことはありませんでした。標高が少しずつ上がっていくと車窓からは絶景の茶

駅構内のチャイ屋さん。たくさんの人が紅茶を求めて殺到するため、紅茶はあらかじめ抽出したものがタンクに入れられていました。

南インドで増えている紙コップスタイルでのチャイの提供。

畑がのぞめます。紅茶好きでなくても、思わず息をのんでしまうことでしょう。

さて、この鉄道の旅、一時間に一度ほどの割合で、給水・設備点検の休憩が入ります。停車中は車両の扉を自由に開けて外に出ることも可能なため、鉄道や景色の写真を撮る人びと、スパイスと砂糖たっぷりの紅茶を飲む人びと、とにかく大賑わいです。

紅茶とスパイス、そして牛乳を使って煮出して淹れた紅茶のことをインドでは「チャイ」と呼んでいます。生姜《しょうが》入りは「ジンジャーチャイ」、複数のスパイスが混ざっていると、「混ぜ合わせる」の意味を持つマサラが付いて「マサラチャイ」と呼びます。

給水中、せっかくなので、ジンジャーチャイを楽しんでみました。北インドは赤土が多く産出されるので「クリ」という素焼きのカップで飲み、飲み終わったらクリを地面に捨てて土に返す習慣がありますが、南インドは、ガラスのコップが主流です。そして衛生面を気にする観光客には紙コップでチャイが提供されます。やや味気ない気がしますが、ピリッと生姜のきいたチャイの味は最高でした。標高二〇〇〇メートルまで登っていく山岳鉄道の約五時間の乗車中、身体を温める効果のあるスパイス入りの紅茶は、とてもありがたいサービスでした。

ハンガリーの陶磁器ブランド、ジョルナイ焼でのティータイム。大きなレモンと蜂蜜がハンガリーらしい。

ハンガリーのティータイム

紅茶の消費量は決して多くないハンガリーですが、紅茶の楽しみ方の自由さはなかなかのもの。ハンガリー人は「レモンティー」が大好き。どの店で紅茶をオーダーしても必ずレモンが添えられてきます。そして特産品の蜂蜜も用意されます。スーパーマーケットの紅茶売り場もレモンフレーバーのものが大半を占め、緑茶にももれなくレモンフレーバーがかかっています。

レモンティーへのこだわりはどの国よりも強く、紅茶専用のレモンタブレットなる商品まで販売されるほど。生のレモンがない時に、タブレットを一粒紅茶に入れると、熱湯で溶けて、即席レモンティーが作れるというハンガリーらしい商品です。

ティールームが軒並み深夜営業をしているのもハンガリーの特徴。若者も多く集うモダンスタイルのティールームから、中東風の内装のノスタルジックさを感じるティールーム、東洋に影響を受けた畳の部屋を持つティールームなど、かなり個性的な雰囲気。そして夜になると、ほとんどの店舗がお酒と紅茶を組み合わせたアレンジティーを提供します。おおらかな気質でとても親切な人が多いハンガリー、地元の若者と一緒にハンガリースタイルの紅茶を楽しんでみるのもお勧めです。

ホテルでの朝食ビュッフェの一角。生のレモンだけでなく、レモン果汁も用意されています。蜂蜜ももちろん必須です。

スリランカのティータイム

英国の統治時代が長かったスリランカ。牛乳事情にも英国人好みが見え隠れ。避暑地として当時人気だったヌワラエリヤの町では、スーパーマーケットに低温殺菌牛乳も並んでいます。といっても、九割は高温殺菌牛乳。

暑いアジアならではの特徴です。しかし高温殺菌牛乳はまだ価格も高いので、日常のティータイムには違うミルクが定番です。それは「粉ミルク」、これぞスリランカティーの必需品。粉ミルクのことをスリランカでは「キリ」と呼んでおり、粉ミルク入りの紅茶は「キリテー」として愛されています。

伝統的なキリテーの淹れ方はジョグワという小さなバケツのような容器を二つ使って、片方から片方にお茶を移し替えながら粉ミルクを溶かしていきます。紅茶が泡立つことでクリーミーになり、温度も下がり、猫舌が多いスリランカ人にはとても嬉しいティースタイル。家庭の中では普通にスプーンで粉ミルクをかき混ぜていただくそうです。地方の茶畑に向かう途中のローカルな商店の軒先にジョグワが。店主が、照れつつも笑顔で、キリテーを作ってくれました。懐かしくホッとする味でした。

年々発展していくスリランカ。こうした伝統的なティースタイルも、あと何十年かすると見かけなくなるのかもしれないと思うと、またあの味に会いにスリランカに行きたくなります。

上：粉ミルクをジョグワに入れます。
中：紅茶の茶葉はダストサイズを使用。布製の茶漉しに茶葉が入っています。
下：移し替えることで粉ミルクを溶かし、温度を下げます。

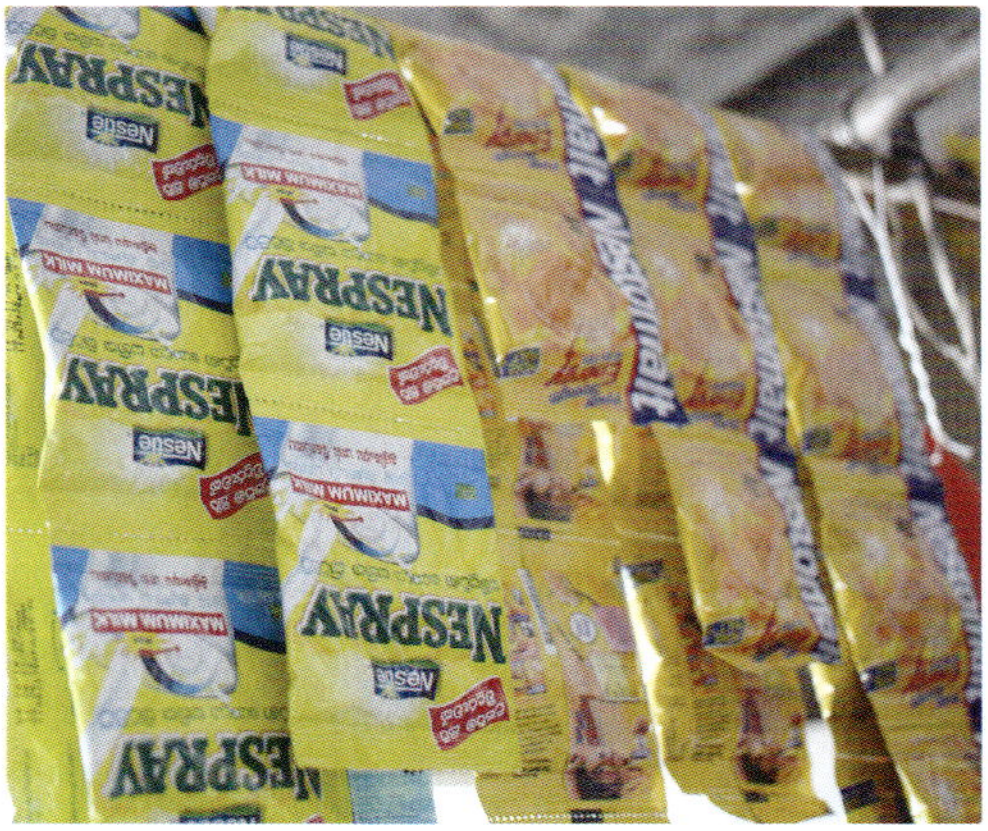

店先に吊されていた粉ミルク。

ロシアのティータイム

ロシアは世界でも類を見ない紅茶大国。一人あたりの紅茶の消費量は英国に引けを取りません。喫茶文化の歴史も長いロシアでは、その風土に合うようなさまざまな茶器、そして紅茶の楽しみ方が育まれました。

特徴的な茶道具は一七七八年に最初の製造が認められている「サモワール」です。サモワールは簡単にいうと、自動湯沸かし器。「サモ」＝「自分で勝手に」、「ワール」＝「沸いている」という言葉そのものです。それではサモワールを使った紅茶の楽しみ方を紹介しましょう。

サモワールは紅茶を抽出するための器具ではなく、お湯を沸かす道具です。サモワール本体の大きな胴体部に、水を入れ、熱源をオンにすると、たっぷりのお湯が沸きます。付属のティーポットに、少し多めの茶葉を入れたら、サモワールのコックをひねり、沸いた熱湯でティーポットにお湯を注ぎ紅茶を抽出します。ティーポットに蓋をしたら、ポットは、サモワール上部の煙突のような部分にセットします。サモワールは沸騰すると自動的に熱源が落ちる日本の湯沸かし器とは異なり、お湯はつねに沸いた状態です。そのため、煙突部分からは熱い蒸気が常時立ち上り、その熱がセットされているティーポットをさらに加熱し、紅茶の抽出を進めるのです。

ティーポットをセットしたままにしておくと、中に入っている紅茶液は徐々に煮詰まり、濃厚になっていきます。その濃い紅茶液をティーカップに少しだけ注ぎ、好みの濃さになるように、サモワールで沸いたお湯で割っていただく、これがロシア流の紅茶の楽しみ方です。ロシアの冬場、サモワールは暖房器具としても重宝され、サモワールを囲んでのティータイムは幸福の象徴とされました。昔のサモワールは内部に石炭を入れる筒がありま

白鳥の姿が手描きされているサモワール。ティーポットものせると迫力が増します。

ロシアのスーパーマーケットで購入した紅茶。ティーバッグが中心で、フレーバードティーが多いのが特徴です。

したが、現在のサモワールは電動式です。

日本で多く誤解されているのが、ロシアでは紅茶の中にジャムを入れて楽しむという情報です。ロシアは西洋諸国に比べると砂糖の輸入開始時期が遅く、長い間甘みは蜂蜜のみでした。そのため茶菓子として人気だったのは、「ヴァレーニエ」と呼ばれる果物の蜂蜜煮。梅・サクランボ・プラム・ブルーベリー・桃・プルーン・栗・リンゴ、クルミや木の実、さまざまなものをヴァレーニエにします。固形状のものだけをスプーンですくい、お茶をいただき、また食べて、飲む。こんな光景がお茶とジャムをドッキングさせているように見えたのでしょうか。ちなみに残ったシロップは水で割って飲みます。

フランスとの関係が発展した一八世紀後半になると、砂糖や柑橘類《かんきつるい》の輸入が充実し、ヴァレーニエも蜂蜜ではなく、砂糖で煮られるようになります。しかし柑橘類は輸入量がそこまで多くなかったことから、果皮をサモワールの中に入れ香りをお湯に移す方法も好まれました。もちろん裕福な家庭ではスライスした柑橘類を紅茶に浮かべました。とくに西洋諸国の重鎮をもてなす際には、ふだんにレモンが使用されたことから、西洋の人びとは、レモンティーのことを「ロシアンティー」と呼ぶまでになりました。

現在もロシアではレモン、ライム、そしてベリー系のフレーバードティーが大人気です。

column

「紅茶の日」の由来はロシアから

11月1日は「紅茶の日」に制定されています。これは伊勢の国（今の三重県）の船頭であった大黒屋光太夫《だいこくやこうだゆう》（1751～1828）の逸話に由来しています。

大黒屋光太夫は1782年、伊勢の国を出港してから4日後に嵐で遭難し、ロシア領に漂着。日本に帰るためにロシア国内を移動し、9年もの歳月をかけ、1791年11月にサンクトペテルブルクにいるエカテリーナ二世（1729～1796）に謁見《えつけん》、女帝の許可を得て日本に帰国しました。大黒屋光太夫の残した旅の記録には、彼がロシア人の茶会に招かれたという記述はないのですが、この頃のロシア宮廷では喫茶文化がさかんでしたので、ロシアの上流階級の人びとと交流を持っていた彼が、ロシアで喫茶体験をしていないはずはないだろうという推測のもと、1983年に「紅茶の日」が定められました。果たして真実はどうなのでしょうか。光太夫の逸話は、1968年に刊行された井上靖（1907～1991）の長編小説『おろしや国酔夢譚』に著され、映画化もされています。

大黒屋光太夫がエカテリーナ二世と謁見したサンクトペテルブルク郊外のエカテリーナ宮殿の「鏡の間」。

オストフリースラントのティータイム

オストフリースラントとは北ドイツのニーダザクセン州のいくつかの町と島が含まれた地域を表す総称です。この地域は、年間一人二・五キロも紅茶を消費することで知られています。そんなオストフリースラントの地域では、この地域独特の紅茶の飲み方「ティーセレモニー」が守られています。そのルールは次のようなものです。

オストフリースラント地域向けにブレンドされている茶葉を使用すること。ポットには必ずウォーマーを使い、牛乳ではなく生クリームを使うこと。砂糖は氷砂糖を使うこと。スーパーマーケットの紅茶売り場では、多種類のオストフリースラント向けのブレンドティーが並んでいます。ドイツの他の大都市、フランクフルト、ベルリンやミュンヘンでは、このようなブレンドティーの販売は皆無です。

砂糖コーナーには、ティーセレモニー用の氷砂糖クルンティエ・カンディスが列をなします。ティーポットをウォーマーで温めるのは、この地域は北欧に近く、冬は非常に寒いためです。

それでは、現地流のティーセレモニーを楽

薔薇柄のティーセットは定番作品。さまざまなティールームで使われています。

ティーセレモニー用の氷砂糖も充実しています。

オストフリースラント用のブレンドティー。

ゆったりと時間が流れるオストフリースラントのティーセレモニー。

しんでみましょう。まず、ティーポットにオストフリーストラント用の茶葉を入れ、お湯を注ぎ、蓋をして紅茶を抽出させます。紅茶が仕上がったら、ティーカップに小さな氷砂糖を何粒か入れます。そして、氷砂糖の上に、紅茶を注ぎます。この際、パチパチと氷砂糖の溶ける可愛らしい音がするのですが、この音のことを現地では「紅茶のさえずり」と呼んでいます。なんて素敵な表現でしょう。器に紅茶が入ったら、小さな専用のスプーンで、乳脂肪の多いクリームをゆっくり紅茶にのせていきます。必ず、左回りに……クリームの「雲」を作るように注ぎます。クリームが「薔薇の花」のようにも見えることから、ティーカップのデザインは薔薇柄が多いそうです。クリームをかき混ぜてしまいたくなるところですが、かき混ぜずにそのまま飲んで味の変化を楽しむのが本場流。冬期はラム酒を注ぐこともあるそうです。紅茶の味はとても優しく、懐かしい味です。紅茶そのものの風味を引き立てる飲み方ではないのですが、何ともいえずゆったりとした気分になるティーセレモニー。ちなみにティールームで一人分の紅茶をオーダーすると、大きめのマグカップがティーウォーマーの上にのって提供されることも。マグカップをウォーマーで温めるなんて……日本ではまず見ない光景です。紅茶の楽しみ方の幅広さを改めて実感します。

ティーセレモニー用の茶器、そしてクリームを回し注ぐ特別なスプーンがほしい方は、ドイツの他の都市ではまず見かけませんので、ぜひオストフリースラントの地域内でお求めください。

クリームを注ぐスプーンは専用のもので、左回りに注ぐ際に便利なように、僅かな片口が付けられています。

トルコのティータイム

アルコールが禁止されている宗派も多いイスラム系のトルコの人びとにとって紅茶は欠かせない飲み物です。以前はコーヒーの消費が多かったのですが、コーヒー豆のすべてを輸入に頼っていたため、一九七〇年代後半から豆の値段が高騰したことをきっかけにコーヒーの消費が抑制されます。その後、国は紅茶の輸入を推奨し、国内の茶産地の開拓も進んだことから、現在は紅茶大国の仲間入りをしています。

男性は「チャイハネ」と呼ばれる喫茶店に集い、チャイと呼ばれる紅茶を飲みつつ、水たばこを楽しみます。女性は複数人からなるグループで行動をすることが多く、週一回の頻度で持ち回り茶会をします。当番になった家庭では、茶菓子や家庭料理を用意して友人をもてなします。女性に人気なのは、「アップル・チャイ」。スライスしたリンゴを乾燥させたものをチャイに入れたり、アップル・フレーバードティーを利用したりしています。

チャイダンルック。直火で使用します。

ではトルコ流の紅茶の淹れ方をご紹介しましょう。トルコで紅茶を淹れるのに欠かせないものが、チャイダンルックと呼ばれるステンレス製のティーポット。雪だるまのように、大小二つ積んである独特のティーポットです。チャイダンルックの使い方は、ロシアのサモワールにとても似ています。大きな下のポットに水を入れてお湯を沸かします。上の小さなポットに茶葉を入れ重ねます。下のポットから上がってくる蒸気熱で茶葉をほぐします。お湯が沸いたら、茶葉の入った小さなポットの中にお湯を注ぎ入れます。下のポットにはまだお湯が残っているので、引き続き火にかけ、上段のポットをさらに蒸します。紅茶はチャイバルダックと呼ばれるグラスに半分ほど注ぎ、好みの濃さまで下のポットのお湯を入れて味を調節し完成させます。

二〇分ほどかけ抽出した紅茶はグラスに注ぐと、まるでウサギの目のように鮮やかな紅色になっています。紅茶にはたっぷりの砂糖を入れます。小さなグラスの中に角砂糖を二つ入れる方も。かなり濃厚な液体になるため、飲むというより、舐めるようなイメージで少しずつ口に含みます。この濃厚なチャイを彼らは、一日に何杯も飲むのです。最近は日本でもトルコ雑貨店でチャイダンルックやチャイバルダックが購入できますので、興味のある方はぜひご自宅でトルコ茶会をしてみてください。

愛らしいチャイバルダック。旅行の土産品としても人気です。

column

紅茶消費国のこだわり「切手」

紅茶はただの飲料ではなく、世界を揺るがすような歴史的出来事の要因になったり、国を代表する陶磁器の生産に結びついたり、文学作品の象徴になったりした飲み物です。それぞれの国のこだわりの切手をご覧ください。

アメリカ　1973年

ハンガリー　2003年

ハンガリー　2003年

ハンガリー　1972年

モーリシャス　2011年

旧ソビエト連邦　1989年

旧ソビエト連邦　1989年

旧ソビエト連邦　1989年

旧ソビエト連邦　1989年

旧ソビエト連邦　1978年

英国　2015年

世界の紅茶スポット

紅茶は世界中で愛されているため、世界各国には、紅茶の歴史や文化、生産現場を楽しめるたくさんのスポットが点在しています。旅先でも大好きな紅茶にもっとふれたいと思う方は、ぜひ足を運んでみてください。

ジェフリーミュージアム

ロンドン郊外にある〈ジェフリーミュージアム〉は、「インテリア」をテーマにしたミュージアムです。展示のメインは、一七世紀～二〇世紀までの中産階級の自宅の居間の再現。王侯貴族ではなく、中産階級を焦点にしているところが、他にはない形態の展示となっています。

それぞれの時代に合わせて部屋の内装、家具、そしてテーブルの上の小物までもが見事に再現されているのですが、時代によっては、ティータイムのシーンが披露《ひろう》されていることも。展示の合間には、中産階級の居間を描いた絵画や、アンティークの茶器の展示もあります。誰もが自由に書籍を閲覧することのできる図書コーナーには、インテリアの本がぎっしり。これで入場料が無料だなんて驚いてしまいます。

紅茶の文化が育まれた時代が網羅されているインテリアミュージアムで、この時代、紅茶はどのように嗜まれていたのかな……など、紅茶の歴史の復習をしてみるのもお勧めです。

時代ごとの家具のデザインの移り変わりを椅子で表現したコーナー。左から右に現代に近づいていきます。

英国喫茶文化の紹介、アンティークの茶器も展示されています。

ジェフリーミュージアム
Geffrye Museum
136 Kingsland Rd, London, UK
http://www.geffrye-museum.org.uk/

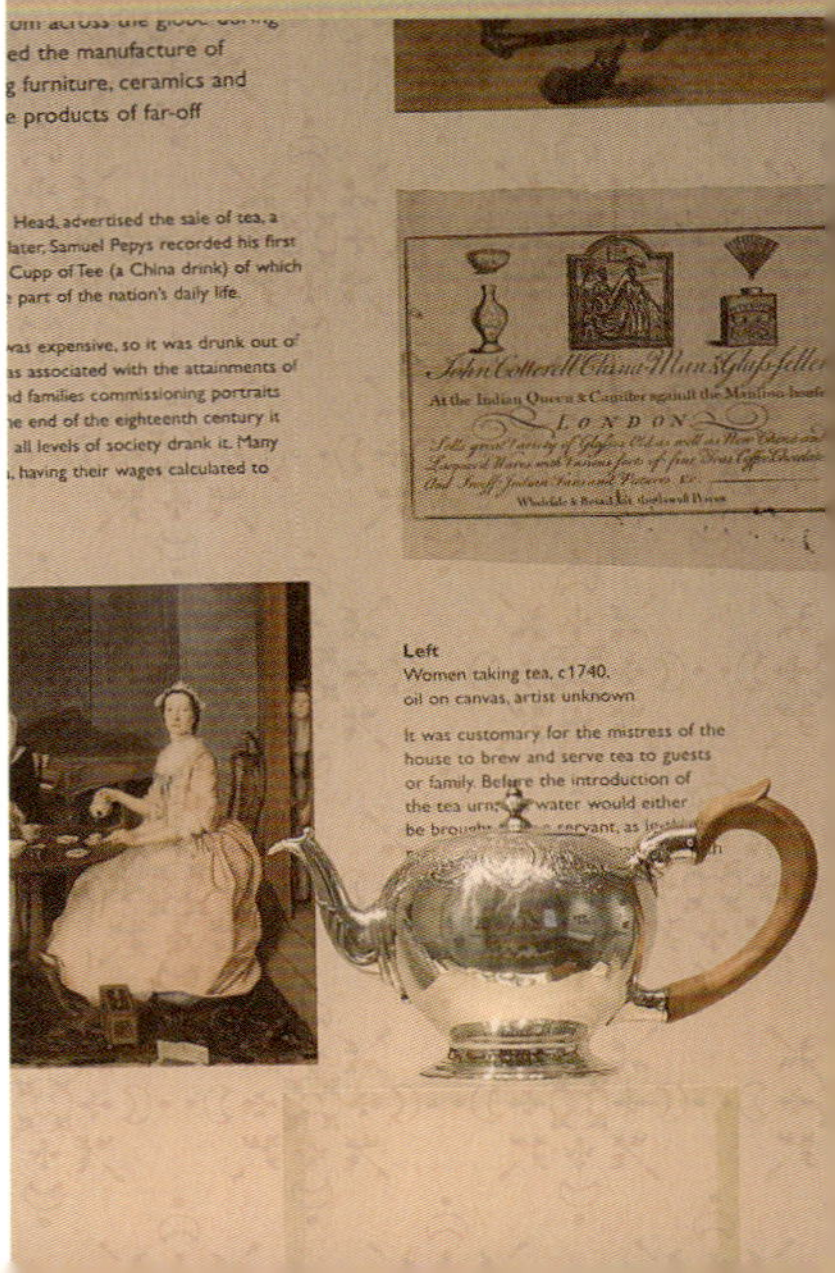

トワイニングスミュージアム

トワイニングは一七〇六年コーヒーハウスとして創業します。一七一七年茶の小売り販売を始めたところ、これが大当たりをし、英国初の茶の小売店として現在までその偉業を継続している会社です。開業当時、税金対策として間口を狭く採った店内は、ウナギの寝床のように縦長。個包装された商品コーナーやシングル・オリジンティーコーナーを過ぎた店の奥には、〈トワイニングスミュージアム〉として、同社の歴史を展示したコーナーが用意されています。

コーヒーハウス時代に、急ぎで注文したい顧客に追加料金の二ペンスを入れてもらっていた箱には、「to insure promptness（早いサービス保証）」の頭文字を取った「T・I・P」の文字が刻まれています。三〇〇年前から保管されている木箱はまさに歴史の生き証人。当時商品を入れるために使っていた顧客用の紙袋が保管されていることにも驚きを覚えます。紙袋には、宣伝もかねて取扱商品が羅列されています。茶、コーヒー、ブランデー、パンチ……かぎたばこ、パン、バター、セイロンのヤシ油、オレンジ、レモンなどすべて高級品ばかりです。展示されている顧客名簿には、カンタベリー大司教や、九〇ページで紹介した画家ホガースの名も連なっています。一八三七年に王室から与えられた御用《ごよう》達《たし》の許可証も見逃せません。時代ごとにプロデュースした紅茶缶や、ノベルティ商品、歴代の当主の肖像画、家系図など。

小さな空間にトワイニングの歴史が凝縮されているミュージアム、紅茶の歴史を学んだらぜひ訪れてほしい場所です。

創業時と同じ場所で営業を続けているトワイニング。

ガラスケースの中には貴重な資料が陳列されています。

トワイニングスミュージアム
The Twinings Museum
216 Strand, London, UK
https://www.twinings.co.uk/about-twinings/216-strand

カティサーク

クリッパー「カティサーク」が造られたのは一八六九年。しかし進水式の前週にスエズ運河が開通し、カティサークはティークリッパーとして歴史に残る活躍はできませんでした。カティサークとは、スコットランド語で短い下着を意味します。この名前は、スコットランドの民話からきています。

大酒を飲んだ帰り、タムは夜中の教会で、下着姿の妖精ナニーが踊っているのを見てしまいます。ナニーの豊かな肉体に興奮したタムは、「いいぞ！　ナニー」と叫んでしまいます。タムの存在に気づいたナニーは怒りを爆発させます。慌てて馬で逃げ出すタムをナニーは追いかけます。妖精が水を苦手だと知っていたタムは、川に向かい、追いかけてくるナニーから命からがら逃げきりました。ナニーの手には、可哀想な牝馬のしっぽだけが残されました。

この物語は、一八世紀のスコットランドの詩人ロバート・バーンズ（一七五九～一七九六）の詩にも謳われました。

美しい船体のカティサーク。2012年の再オープンは世界中の紅茶ファンを喜ばせました。

船首に掲げられるナニー。

お酒を飲みたいと思ったり
カティサークが心に浮かんだ時は
考えて見ろ　その悦びの代価が
高くつきはしないかを
シャンタンのタムの牝馬を思い出せ

ティークリッパー「カティサーク」の船首には下着姿のナニーの木彫りが飾られました。タムを追いかける必死な形相はレースに勝つという気迫にあふれています。そして水嫌いのナニーにあやかり、船が沈没しないように、そんな思いが名前に込められたのでした。

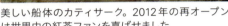

スエズ運河開通後、ティークリッパーは、別の用途の運搬船として利用されましたが、大半の船は改装されたり、壊されたりしてしまいました。そのため、現存するティークリッパーはこの「カティサーク」一隻となってしまいました。カティサークは当時の茶貿易の歴史を証明する貴重文化財産としてグリニッジに保管されていました。しかし二〇〇七年火事で半焼してしまいます。このニュースは世界中の紅茶ファンを驚愕、落胆させました。修復作業中だったため、船内の展示品の多くが外に出されていたことは不幸中の幸いでした。

二〇一二年、多くの有志の寄付金にも支えられ再オープンしたカティサークは、船全体

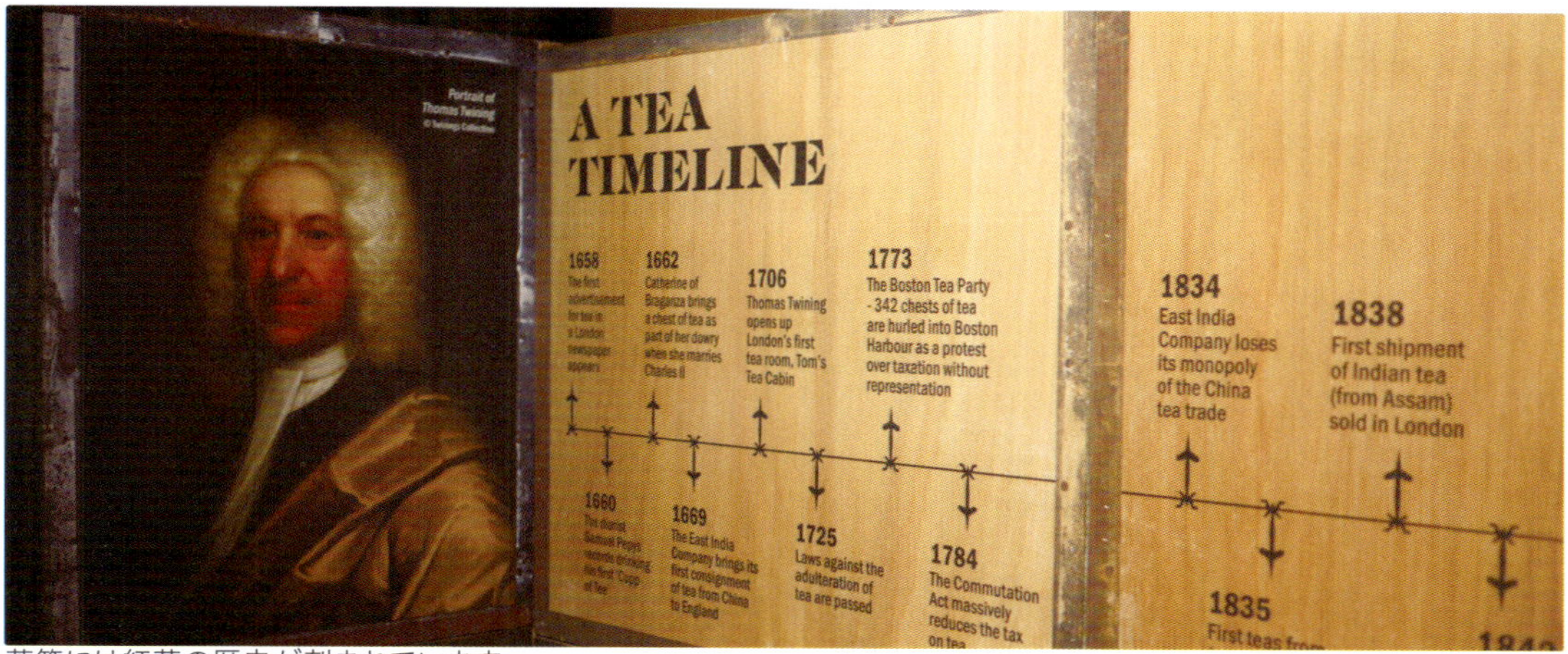

茶箱には紅茶の歴史が刻まれています。

船内のキッチンにはティーセットも置かれていました。

トワイニングのプロデュースしたカティサークブレンド。

がガラスのドームの上に乗っているため、まるで船が浮いているように見え、遠目から見てもかなりの迫力です。一階部分は紅茶博物館で、トワイニング創業、阿片戦争、ボストンティーパーティー事件など、積まれた紅茶箱に、英国紅茶の歴史が記されています。クリッパーは速く走ることを第一に作られたため、船内施設はかなり狭く、船乗りの苦労もうかがえる展示でした。船底を見上げる形の階下のフロアには、ティールームもオープンし、アフタヌーンティーも楽しめるようになりました。

再オープンに合わせてトワイニングからプロデュースされたカティサークブレンドは、その缶のデザイン性も合わせ土産品として大人気になりました。

カティサーク
Cutty Sark
King William Walk, London, UK
http://www.rmg.co.uk/Cutty-Sark

マリアージュフレール　マレ店　ティーミュージアム

マリアージュフレールの歴史は一八五四年パリのクロワートル・サン・メリ通りにオープンした「茶とバニラの輸入専門店」から始まりました。一九八二年、マリアージュ家の最後の後継者は、信頼できる若者二人に事業を継承することを決めます。一九八五年、店の立ち退きにあった二人は、店の伝統、歴史にふわさしい場所としてパリの下町マレ地区のブールティブール通りを選択しました。新店舗では、茶葉販売だけでなく、茶器の開発にも勤《いそ》しみます。

一九九一年、彼らはマリアージュ家の軌跡、そして自分たち新メンバーが加わってからの発展を一つの形に残そうと決意し、店舗の二階に博物館を開設しました。東洋趣味を感じさせる古い紅茶のパッケージ、手作りのモスリンのティーバッグ、昔のサンプル缶……決して広くはありませんが、彼らがインスピレーションを受けた愛すべきマリアージュフレールの歴史がぎゅっと詰まっています。展示品は、彼らがマリアージュフレールの卸倉庫に初めて足を踏み入れた時のノスタルジックな雰囲気を表現するため、あえて磨かず飾られています。

この博物館は世界初の紅茶の博物館として今でも紅茶好きを虜《とりこ》にしています。

小さな博物館内には、マリアージュフレールの歴史にとって欠かせない品が所狭しと並べられています。

モスリンのティーバッグはノスタルジックな雰囲気を醸し出しています。

マリアージュフレール　マレ店　ティーミュージアム
Mariage Frères, Le Marais, Tea Museum
30 rue du Bourg-Tibourg, Paris
http://www.mariagefreres.com/UK/french_tea_museum.html

ボーティーガーデン

マレーシアの高原リゾート、キャメロンハイランドにある〈ボーティーガーデン〉は町の中心地からも近く、茶畑の間を通ってのドライブも最高です。くねくねと曲がった細い道の先に、素敵な施設が見えてきます。茶畑にせり出しているのはティールームのテラス席です。

紅茶工場見学は無料ですが、解説、そしてスタッフ指導のもと、紅茶の飲み比べを体験したい方は有料のプランがお勧めです。

茶畑を眺めながらのティータイムは
忘れられない思い出になりそうです。

茶畑の真ん中にあるボーティーガーデン。

約束の時間に工場に行くと、スタッフの方が待っていてくれました。丁寧な解説のもと、製茶工程を見学します。工場見学の後は、テイスティングルームで紅茶の試飲を。茶葉のグレードが異なるため、風味もさまざま。ストレートティーで楽しみたいもの、ミルクティー向きのもの。飲み比べしたあとで気に入ったものを購入できるのはとても親切なシステムです。

見学後は、ティールームで一息。一面茶畑が見渡せるティールームは最高のシチュエーションです。キャメロンハイランドは子連れの観光客も多い場所。ボーティーには子ども用のパンフレットなどが置いてありましたので、家族旅行にもお勧めです。

スタッフが紅茶を抽出してくれています。

ボーティーガーデン
BOH Tea Garden
39200 Ringlet, Cameron Highlands, Malaysia
http://www.boh.com.my/

ボストンティーパーティー・シップス&ミュージアム

二〇〇四年に、火災により閉鎖してしまった〈ボストンティーパーティー・シップス&ミュージアム〉は二〇一四年に念願の再オープンを果たしました。

ミュージアムの見学はすべてツアー制です。チケットと引き替えに、ボストンティーパーティー事件に参加した歴史上人物のプロフィールが書かれたキャラクターカードが手渡され「以後はその人物になったつもりで発言してください」とスタッフに指導されます。

アメリカ中の子どもたちが修学旅行で訪れるというボストンティーパーティー・シップス&ミュージアム。

入場券には、ボストンティーパーティーに参加した歴史上人物の名前とプロフィールが書かれています。

実はこのミュージアムの見学はロールプレイ制。スタッフがキャストになりきり「茶税問題」について集会場で話し合いが始まるところからアトラクションがスタートします。ボストンティーパーティー事件について、初歩的な知識を押さえていかないと、残念ながら、厳しい見学になってしまうので、要注意です。キャストの大熱弁に、参加者の熱も高まり「これ以上税金に苦しめられるのは許せない」「お茶はもういらない」とみんな大興奮。指名されたゲストが役になりきり演説すると、他のゲストも大拍手で応え、しだいに会場のムードは「今日こそお茶を海に捨ててやろう!」という流れに。一同で港に待ち構えているイギリス東インド会社の船に乗り込みます。数人のゲストが茶箱を担ぎ、かけ声とともに海に茶箱を投げ捨てます。どこからともなく「アメリカ万歳」と拍手喝采。まさにアメリカ的なパフォーマンスです。

一連のパフォーマンス後、再現されたイギリス東インド会社の船の中の見学もできます。東インド会社の社員の優雅な銀のティーセットでのティータイムの様子は必見です。そしてミュージアムの館内では、アメリカ独立戦争までの過程がわかりやすく解説されます。

見逃してはいけないのが、ボストンティーパーティー事件の茶箱の展示です。実は当時

キャストの女性が解説をしてくれます。

ヴィンテージの非売品のお皿。

大きなかけ声とともに、茶箱を海に投げ捨てます。

の茶箱は世界でたった二つしか現存していない貴重品なのです。茶箱の大きさは現在産地で使用している茶箱の大きさと比べるとやや小ぶりで驚きました。

併設のティールームでボストンティーパーティー・ブレンド紅茶を楽しんだあとは、ショップでの買い物も楽しめます。紅茶も複数販売されているので、自宅でボストンティーパーティー・ブレンドの飲み比べをすることも可能です。ショップ内の棚には、ボストンティーパーティーのアンティーク、ヴィンテージの記念グッズが陳列されていましたが、すべて非売品でした。

ボストンティーパーティー・シップス&ミュージアム
Boston Tea Party Ships & Museum
Congress Street Bridge, Boston, MA, USA
https://www.bostonteapartyship.com/

ティーファクトリーホテル

スリランカ、ヌワラエリヤに位置する〈ティーファクトリーホテル〉は紅茶好きならば一度は泊まってみたい理想の宿泊施設です。幹線道路から横道にそれ……車一台しか通れない細い小道を走り抜けると……広がる茶畑と大きな工場。

実はこの工場こそ、今夜の宿泊場所、かつての紅茶工場をホテルに改装したユニークな施設なのです。ホテルの内部は、紅茶工場の内装が所々残されておりノスタルジックな雰囲気です。敷地内には小さな紅茶工場も併設されており、アクティビティの一環として茶摘み・製茶体験を楽しむこともできます。民族衣装のサリーを着ての茶摘み体験は旅の思い出には最高ではないでしょうか。色とりどりの美しいサリーにみんな笑顔。工場内の製茶機具は、現在稼働している本物の紅茶工場の機械に比べるとすべてミニチュアサイズですが、機能は同じです。本格的な紅茶作りを楽しむことができます。英国らしい迷路もなんと茶の木で形成されていました。こんなこだわりも嬉しいところです。

朝起きて窓から外を眺めると、そこには一面に広がる茶畑。この美しい風景を見ながら、目覚めの紅茶を飲む幸せを実感しましょう。

紅茶工場を改装したティーファクトリーホテルの外観。

ホテルの内部には、工場の部品などがインテリアとして取り入れられています。

茶摘み体験は予約制。

ティーファクトリーホテル
Heritance Tea Factory
Kandapola, Nuwara Eliya, Sri Lanka
http://www.heritancehotels.com/teafactory/

ティーキャッスル・セントクレア・ムレスナティーセンター

スリランカのディンブラ地区パタナの国道線沿いの茶畑の中に、突如として現れる巨大施設〈ティーキャッスル〉はレストランとティールーム、そして紅茶博物館とショップが併設された施設です。スリランカの紅茶ブランド「ムレスナ」がプロデュースする同社のこだわりが詰まったスポットです。

英国の古城をモデルにしたという外観は城そのもの。重厚な城門をくぐると……驚くほど大きなジェームズ・テーラーの銅像が。セイロン紅茶の生みの親とも讃えられているテーラー。同社がスリランカの茶栽培の歴史を大切にしていることが一瞬で伝わってきます。

レストランでは、産地別の紅茶が楽しめます。丁寧にサービスされる紅茶は産地により色も香りも異なり、初心者でも産地別紅茶の楽しみがわかりそう。地下には茶の工程の解説や、セイロン紅茶の開拓、販売にかかわった英国の伝統的な紅茶会社の植民時代の広告が並び、歴史の重さを感じました。レストラン内、そしてショップの壁に飾られているディスプレイ用の絵も、紅茶をテーマにしたものばかりで、目が離せません。

大きなジェームズ・テーラーの銅像。

古城をイメージした外観。

産地により紅茶の色の見え方も異なります。

古い広告などが展示された資料室。

ティーキャッスル・セントクレア・ムレスナティーセンター
Tea Castle St. Clair Mlesna Tea Centre
Patana, Talawakelle, Sri Lanka
E-mail teacastle@sltnet.lk

オストフリースラント・ティーミュージアム他

北ドイツ、ノルデン市にある〈オストフリースラント・ティーミュージアム〉は、大人にも子どもにも大人気。この地域独特の紅茶文化を楽しみに、休日は家族連れで賑わいます。一一〇頁で紹介したこの地域特有の紅茶の淹れ方を伝授してもらえるティーセレモニーは予約制です。事前予約で満席の回も出るため、博物館の見学前に、早めに予約してみてください。

ノルデン市の観光局も入っている立派な建物。

地域の紅茶ブランドの紹介コーナー。

オストフリースラント式の紅茶の淹れ方の説明コーナー。

館内は想像していた以上に広く、展示も充実しています。美しいティーウェアの数々、必須アイテムの氷砂糖に関する展示、一九世紀の紅茶売り場の再現、オストフリースラント用の紅茶をブレンドしている紅茶ブランドの紹介、ドイツが開発したティーバッグの機械の展示。その他にも、茶の品種、栽培、製茶工程、世界的な茶の統計や茶の成分の解説、世界各国のティータイムのコーナーにはなんと日本の茶室の再現までも。紅茶好きにはたまらない体系的に紅茶を解説する博物館が、北ドイツにあったなんて……!

ティーセレモニーは一五人ほどで受講。三〇分ほどの内容で、博物館員から紅茶の淹れ方のレクチャーをしてもらいます。試飲と茶菓子付きです。館内にあるパーティールームでは一〇〇人規模のパーティーが開かれることもあるとのことです。

建物の並びの通りの数軒先には、個人運営のもう一つの紅茶博物館〈ティーミュージアム〉があります。こちらは紅茶そのものというよりも茶道具の展示を中心とした博物館でした。規模は小さいのですが、セット入場券

茶産地の紹介コーナー。

クリームがまるで薔薇の花のように広がっていきます。

紅茶の輸送を説明するコーナー。

もあるので、ぜひ両方訪れてみてください。

ノルデンから電車で三〇分ほどの町リールにも、地元の紅茶ブランドであるブンティン・ティーの〈ブンティン・ティーミュージアム〉があります。こちらも茶産地の解説、同社のノベルティ商品の展示、地域で作られた茶器の展示などわかりやすい内容です。館内で主催されているティーセミナーはプロ向けの本格的な内容のものも。セミナーは予約が必須なのでホームページから問い合わせしてみるといいでしょう。

隣接しているブンティン・ティーのティールームでは、オストフリースラント式のティータイムが楽しめます。

オストフリースラント・ティーミュージアム
Ostfriesisches Teemuseum
Am Markt 36, Norden, Germany
http://www.teemuseum.de/

ティーミュージアム
Trägerverein TeeMuseum e.V.
Am Markt 33　6506 Norden
http://www.teemuseum-norden.de

ブンティン・ティーミュージアム
Bünting Teemuseum
Brunnenstraße 33, Leer, Germany
https://www.buenting-teemuseum.de/

参考文献一覧

『茶の世界史　緑茶の文化と紅茶の社会』角山栄　中央公論新社　1980.12
『一杯の紅茶の世界史』磯淵猛　文藝春秋　2005.8
『紅茶画廊へようこそ』磯淵猛　扶桑社　1996.10
『紅茶の文化史（春山行夫の博物誌7）』春山行夫　平凡社　1991.2
『英国紅茶論争』滝口明子　講談社　1996.8
『英国紅茶の話』出口保夫　東京書籍　1982.7
『新訂　紅茶の世界』荒木安正　柴田書店　2001.4
『茶ともてなしの文化』角山榮　NTT出版　2005.9
『大帆船時代　快速帆船クリッパー物語』杉浦昭典　中公新書　1979.6
『紅茶を受皿で　イギリス民衆芸術覚書』小野二郎　晶文社　1981.2
『お茶の歴史』ヴィクター・H・メア、アーリン・ホー、忠平美幸訳　河出書房新社　2010.9
『［年表］茶の世界史』松崎芳郎　八坂書房　2007.12
『食卓のアンティークシルバー　Old Table Silver』大原千晴　文化出版局　1999.9
『絵で見るお茶の5000年　紅茶を中心とした文化史』デレック・メイトランド、ジャッキー・パスモア、井ヶ田文一訳　金花舎　1994.8
『絵画と文学　ホガース論考』櫻庭信之　研究社　1987
『紅茶の大事典』日本紅茶協会　成美堂出版　2013.3
『紅茶のすべてがわかる事典』Cha Tea紅茶教室　ナツメ社　2008.12
『茶の博物誌　茶樹と喫茶についての考察』ジョン・コークレイ・レットサム、滝口明子訳　講談社　2002.12
『知っておきたい英国紅茶の話』出口保夫　ランダムハウス講談社文庫　2008.9
『図説　英国ティーカップの歴史　紅茶でよみとくイギリス史』Cha Tea紅茶教室　河出書房新社　2012.5
『図説　英国紅茶の歴史』Cha Tea紅茶教室　河出書房新社　2014.5
『図録　紅茶とヨーロッパ陶磁の流れ』名古屋ボストン美術館　2001.3
『世界の紅茶　400年の歴史と未来』磯淵猛　朝日新聞出版　2012.2
『30分で人生が深まる紅茶術』磯淵猛　ポプラ社　2014.2
『お茶の歴史（「食」の図書館）』ヘレン・サベリ、竹田円訳　原書房　2014.1
『ティールームの誕生　＜美覚＞のデザイナーたち』横川善正　平凡社　1998.4
『イギリス紅茶事典』三谷康之　日外アソシエーツ　2002.5
『現代紅茶用語辞典』日本紅茶協会　柴田書店　1996.8
『紅茶事典』鈴木ゆみ子　文園社　2006.4
『茶の世界史　中国の霊薬から世界の飲み物へ』ビアトリス・ホーネガー　平田紀之訳　白水社　2010.2
『紅茶の保健機能と文化』佐野満昭、斉藤由美　アイ・ケイ・コーポレーション　2008.5
『改訂版　紅茶入門（食品知識ミニブックスシリーズ）』稲田信一　日本食糧新聞社　2016.7
『茶の帝国　アッサムと日本から歴史の謎を解く』アラン・マクファーレン　アイリス・マクファーレン、鈴木実佳訳　知泉書館　2007.3
『アッサム紅茶文化史』松下智　雄山閣出版　1999.12
『ロマンス・オブ・ティー　緑茶と紅茶の1600年』W. H. ユーカース、杉本卓訳　八坂書房　2007.6
『紅茶が動かした世界の話』千野境子　国土社　2011.2
『紅茶をめぐる静岡さんぽ』奥田実紀、竹永絵里　マイルスタッフ　2015.11
『砂糖の世界史』川北稔　岩波ジュニア書店　1996.7
『ダージリン茶園ハンドブック』ハリシュ・C・ムキア　井口智子訳　R.S.V.P　丸善出版　2012.7
『Where to Take Tea』Susan Cohen, New Holland, 2008.
『The House of Twining 1706-1956』S.H. Twining, Twining, 1956.
『Talking of TEA』Gervas Huxley, John Wagner, 1956.
『Tea　Dictionary』Devan Shah & Ravi Sutodiya, Tea Society, 2010.
『My Cup of Tea』Sam Twining, Vision On Publishing, 2002.
『James Norwood Pratt's Tea Dictionary』James Norwood Pratt, Devan Shah, Tea society, 2005.
『Tea MAGAZINE』2012.7-8.
『Tea: The Drink That Changed the World』Laura C. Martin, TUTTLE　PUBLISHING, 2007.
『tea-cup fortune telling at-a-glance』MINETTA, I & M　OTTENHEIMER, 1953.
『ENGRAVINGS BY HOGARTH』SEAN SHESGREEN, DOVER, 1973.
『FIVE O'CLOCK TEA』W.D.HOWELLS, Harper and brothers, 1894.
『TEA: EAST & WEST』RUPERT FAULKNER, V & A, 2003

おわりに

皆さまが紅茶に興味を持ったきっかけはどんなところからだったでしょうか。私たちの紅茶教室には、さまざまな動機から紅茶に興味を持った受講生がいます。紅茶専門店や友人の家で飲んだ紅茶のおいしさに感動し、自分もおいしい紅茶を淹れてみたいと淹れ方から興味を持たれる方。英国文化が大好きで、文学や映画の中に登場するティーシーンに憧れていらっしゃる方。ホテルのアフタヌーンティー巡りが趣味で、少しずつ紅茶そのものに関心を持たれた方。自宅でティーパーティーを開くことを夢見ていらっしゃる方。インドやスリランカなど紅茶の生産国そのものに関心があり、紅茶の味を覚えたいという方。西洋陶磁器をコレクションされており、せっかくならば、おいしい紅茶を淹れてみたいという方。最初の入り口はさまざまですが、不思議なことにどの受講生も学べば学ぶほど、次から次へと知識欲が増していき、気づけば紅茶の世界にどっぷりとはまってしまいます。

私たちの教室では、四つの視点で紅茶を紹介しています。一つ目は「正しい淹れ方、茶葉そのものの知識を身につけること」、二つ目は、「フードと紅茶のペアリングを配慮すること」、三つ目は「茶器やインテリア、ティータイム中の会話を含めた、紅茶を楽しむ環境を充実させること」、そして四つ目は「紅茶の育まれた歴史・文化背景を知ること」。

英国には、「My Cup of Tea」＝「私のお気に入り」という言葉があります。皆さまにとってのお気に入りが見つかるきっかけに、本書、そして私たちの教室活動が役に立てればとても幸せです。

紅茶をテーマに世界中を旅して、それぞれの国での紅茶の飲み方にふれるたびに、紅茶ってなんて自由で楽しい飲み物なのだろう……と再確認します。知識が増えると、気持ちが自由になる！　飲む紅茶、学ぶ紅茶、今後も私たちなりのおいしい紅茶を求めて、教室活動を続けていく所存ですので、温かく見守っていただければ幸いです。

Cha Tea 紅茶教室
代表　立川碧

●著者略歴

Cha Tea 紅茶教室（チャ ティー こうちゃきょうしつ）

二〇〇二年開校。日暮里・谷中の代表講師の自宅（英国輸入住宅）を開放してレッスンを開催している。二〇一七年現在、卒業生は二一〇〇名を超える。教室でのレッスンのほか、早稲田大学オープンカレッジをはじめとする外部セミナー、企業セミナー、紅茶講師養成、紅茶専門店のコンサルタント、各種紅茶イベント企画も手がける。紅茶の輸入、ネット販売も営む。

著書に『図説　英国ティーカップの歴史――紅茶でよみとくイギリス史』『図説　英国紅茶の歴史』『図説　ヴィクトリア朝の暮らし――ビートン夫人に学ぶ英国流ライフスタイル』『英国のテーブルウェア　アンティーク&ヴィンテージ』（ともに河出書房新社）、監修に『紅茶のすべてがわかる事典』（ナツメ社）など。

紅茶教室HP　http://tea-school.com/

Twitter アカウント　@ChaTea2016

ふくろうの本

図説　紅茶　世界のティータイム

二〇一七年 二 月一八日初版印刷

二〇一七年 二 月二八日初版発行

著者……………Cha Tea 紅茶教室

装幀・デザイン……………高木善彦

発行者……………小野寺優

発行……………河出書房新社

東京都渋谷区千駄ヶ谷二-三二-二

電話　〇三-三四〇四-一二〇一（営業）

　　　〇三-三四〇四-八六一一（編集）

http://www.kawade.co.jp/

印刷……………大日本印刷株式会社

製本……………加藤製本株式会社

Printed in Japan

ISBN978-4-309-76252-4

落丁・乱丁本はお取替えいたします。

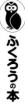